U0184341

# 微电网运行与控制的 关键技术

吴志民　赵恒亮　吴永进　著

重庆大学出版社

# 内容提要

本书属于微电网技术方面的著作,旨在从实用化角度对微电网相关的技术和应用问题加以阐述。本书在介绍微电网发展历程、发展特点和模型、未来走向、构成与分类等的基础上,对分布式电源控制技术和微电网的控制技术、保护技术、能量管理技术、多机并列运行与模式切换技术进行了研究。

本书适合从事有源配电网分析、规划与设计、运行与控制的电气工程师、电网运维人员和电力系统研究者参考使用。

**图书在版编目(CIP)数据**

微电网运行与控制的关键技术 / 吴志民,赵恒亮,
吴永进著. -- 重庆:重庆大学出版社,2022.11
ISBN 978-7-5689-3630-9

Ⅰ. ①微… Ⅱ. ①吴… ②赵… ③吴… Ⅲ. ①电网—
电力系统运行 Ⅳ. ①TM727

中国版本图书馆 CIP 数据核字(2022)第 228255 号

**微电网运行与控制的关键技术**
WEIDIANWANG YUNXING YU KONGZHI DE GUANJIAN JISHU
吴志民 赵恒亮 吴永进 著
策划编辑:鲁 黎

责任编辑:文 鹏 版式设计:鲁 黎
责任校对:王 倩 责任印制:张 策

\*

重庆大学出版社出版发行
出版人:饶帮华
社址:重庆市沙坪坝区大学城西路 21 号
邮编:401331
电话:(023)88617190 88617185(中小学)
传真:(023)88617186 88617166
网址:http://www.cqup.com.cn
邮箱:fxk@ cqup. com. cn(营销中心)
全国新华书店经销
POD:重庆市圣立印刷有限公司印刷

\*

开本:787mm×1092mm 1/16 印张:11.75 字数:304 千
2022 年 11 月第 1 版 2022 年 11 月第 1 次印刷
ISBN 978-7-5689-3630-9 定价:68.00 元

# 前　言

　　化石燃料的日益枯竭、地球环境的不断恶化以及人类社会对能源依赖性的增长，使新能源的就地开发和分布式发电的利用成为各国政府节能减排、发展绿色能源的重要手段。分布式发电具有污染少、能源利用率高、安装地点灵活等优点，与集中式发电相比，节省了输配电资源和运行费用，减少了集中输电的线路损耗。分布式发电可以减少电网总容量，改善电网峰谷性能，提高供电可靠性，是大电网的有力补充和有效支撑，是电力系统的发展趋势之一。

　　为使分布式发电得到充分利用，一些学者提出了微型电网（Micro-Grid，简称"微电网"）的概念。微电网也称为"智能电网的积木"，是一种新颖的配电网结构，它能充分发挥分布式能源的应用潜力，成为未来智能电网的重要组成部分。微电网是由分布式电源、储能装置、能量转换装置、负荷、监控和保护装置等组成的小型发配电系统，是一个能够实现自我控制、保护和管理的自治系统。微电网技术的提出，旨在实现分布式电源的灵活、高效应用，解决数量庞大、形式多样的分布式电源并网运行问题。

　　虽然微电网不是一个新概念，但是它可以作为一项新技术来消纳更多的可再生能源，并且可以联合电力电子装置的灵活性，形成更高效的发电方式。通过微电网对分布式电源的有效管理，可以使未来配电网运行调度人员不再直接面向各种分布式电源，既降低了分布式电源对配电系统安全运行的影响，又有助于实现分布式电源的"即插即用"，同时可以最大限度地利用可再生能源和清洁能源。配电系统中大量微电网的存在将改变电力系统在中低压层面的结构与运行方式，实现分布式电源、微电网和配电系统的高效集成，充分发挥各自的技术优势，解决配电系统中大规模分布式可再生能源的有效接入问题，这正是智能配电系统面临的主要任务之一。此外，为了促进微电网技术的发展，微电网领域正在形成新型产业，可为电网和分布式电源业主带来最大的效益。

1

正是在微电网革新的背景下,作者撰写了本书。本书既注重技术分析又注重工程应用,适合所有从事有源配电网分析、规划与设计、运行与控制的电气工程师,电网运维人员和电力系统研究者参考使用,也适合微电网相关行业的供应商和制造商。

本书由国网浙江义务市供电有限公司吴志亮、赵恒壳、吴永进撰写。在撰写过程中,作者以自己在微电网系统方面的研究工作作为基础,参考并引用了国内外专家学者的研究成果和论述,在此向相关内容的作者表示诚挚的敬意和谢意。由于作者水平有限,书中不足之处在所难免,恳请读者批评指正。

著　者

2022 年 4 月

# 目录

# 第 **1** 章
# 微电网概述

微电网(Micro-Grid,MG)是由分布式发电(Distributed Generation,DG)、负荷、储能装置及控制装置构成的一个单一可控的独立发电系统。微电网中 DG 和储能装置并在一起,直接接在用户侧。对于大电网来说,微电网可视为大电网中的一个可控单元;对于用户侧来说,微电网可满足用户侧的特定需求,如降低线损、增加本地供电可靠性。微电网是一个能够实现自我控制、保护和管理的自治系统,既可以与外部电网并网运行,也可以孤立运行。

微电网可以看成小型的电力系统,它具备完整的发、输、配电功能,可以实现局部的功率平衡与能量优化,可以认为是配电网中的一个"虚拟"的电源或负荷。微电网可以由一个或者若干个小型的虚拟电厂(Virtual Power Plant,VPP)组成,它可以满足一片电力负荷聚集区的能量需要,这种聚集区可以是重要的办公区和厂区,也可以是传统电力系统供电成本较高的远郊的居民区等。相对传统的输配电网,微电网的结构比较灵活。

## 1.1 微电网的发展历程

2001 年,美国威斯康星大学麦迪逊分校(University of Wisconsin-Madison)的 R. H. Lasseter 教授首先提出了微电网的概念,随后美国电气可靠性技术解决方案协会(Consortium for Electric Reliability Technology Solutions,CERTS)和欧盟微电网项目组(European Commission Project Micro-Grid)相继对微电网给出了定义。

2002 年,希腊国立工业大学建成了一个小规模的微电网实验测试项目(NTUA Power System Laboratory Facility),应用多代理技术进行分布式电源和负荷的控制。

2003 年,威斯康星大学建成了一个小规模的微电网实验室(NREL Laboratory Micro-Grid),总容量约为 80 kV·A,实验和测试了在微电网不同运行状态下的多种分布式电源控制;美国俄亥俄州哥伦布市沃纳特测试基地(Walnut test site,Columbus,Ohio)建成 480 V 微电网试验系统,用于测试微电网各部分的动态特性。

同年,世界各地相继建成了多个微电网示范化工程项目,如美国在范特蒙特(Mad River Park Vermont,US)建成的 7.2 kV 微电网工程;希腊在基斯诺斯岛(Kythnos Islands Micro-Grid,

Greece)建成 400 V 微电网工程；日本相继建成了爱知(Aichi project)、京都(Kyotango project)、八户(Hachinohe project)微电网工程。

2004 年，意大利米兰建成了微电网测试项目(CESI RICERCA test facility)，组成不同的拓扑结构，进行稳态、暂态运行过程测试和电能质量分析。

2005 年，英国伦敦建成了微电网测试项目(Imperial College London control and power research center)，进行配电网试验原型和试验负荷。

同一时期，世界各地相继建成多个示范工程项目，如日本相继建成了 Sendai system (2004)、Shimizu Micro-Grid (2005)、Tokyo Gas Micro-Grid (2006)；西班牙建成 Labein Micro-Grid(2005)；美国建成 Sandia NationalLaboratories (2005)、Palmdale's Clearwell Pumping Station (2006)；德国建成 Manheim Micro-Grid (2006)。

从 2006 年开始，我国把微电网技术研究相继列入国家"863"计划、"973"计划。2006 年，清华大学开始对微电网领域进行探索研究，利用清华大学电力系统及大型发电设备安全控制和仿真国家重点实验室的硬件条件，建设包含可再生能源发电、储能设备和负荷的微电网试验平台。

2008 年，天津大学、合肥工业大学分别开展微电网实验测试研究。天津大学侧重试验研究不同形式能源的科学调度，以期达到能源高效利用、满足用户多种能源需求、提高供电可靠性；合肥工业大学侧重试验研究微电网的运行控制及微电网的能量管理系统。

2010 年，国家电网公司在郑州建成"分布式光储联合微电网运行控制综合研究及工程应用"的示范工程项目，在西安建成"分布式发电/储能及微电网控制技术研究"的示范工程项目。

2010 年，南方电网公司在佛山建成国家"863"计划"分布式供能课题冷电联供系统"的示范工程。

## 1.2　国外微电网现状及分析

负荷的持续增长、环保问题、能源利用效率瓶颈以及用户对电能质量的高标准要求，成为世界各国电力工业所面临的严峻挑战。微电网对分布式发电具备有效利用、智能控制的特点，在解决上述问题方面具有极大优势。目前一些国家已纷纷开展微电网研究，立足于本国电力系统的实际问题，提出了各自的微电网概念和发展目标。作为一个新的技术领域，微电网在各国的发展呈现出不同的特色。

### 1.2.1　美国微电网

美国最早提出微电网的概念。美国电气可靠性技术解决方案协会(CERTS)提出的微电网构架，主要由基于电力电子技术且容量不大于 500 kW 的小型微电源与负荷构成，并引入了基于电力电子技术的控制方法。电力电子技术是实现智能、灵活控制的重要支撑，基于此形成了"即插即用(plug and play)"与"对等(peer to peer)"的控制思想和设计理念。美国 CERTS 微电网的初步理论研究成果在实验室微电网平台上得到了成功检验。美国的微电网工程得到了美国能源部的高度重视。2003 年，时任美国总统布什提出了"电网现代化(grid modernization)"的目标,指出要将信息技术、通信技术等广泛引入电力系统,实现电网的智能化。在随后出台的"Grid 2030"发展战略中,美国能源部制定了美国电力系统未来几十年的研究与发展规划,微电网是其重要组成之一。在 2006 年的美国微电网会议上,美国能源部对其今后的微电网发展计划进行了详细讨论。从美国电网现代化角度来看,提高重要负荷的供电可靠性、满足用户定制的多种电能质量需求、降低成本、实现智能化是美国微电网的发展重点。

如图 1.1 所示为美国 CERTS 微电网模型。该微电网的主要特点是所有微电源均具有电力电子接口,包括太阳能发电、风力发电、小型旋转机械发电、各种储能设备等。其关键设备是智能静态开关设备,用于控制电网与微电网的连接和断开。每一微电源均使用数字式智能继电保护隔离故障保护区域,各个保护设备之间有专用的数字通信线路连接。

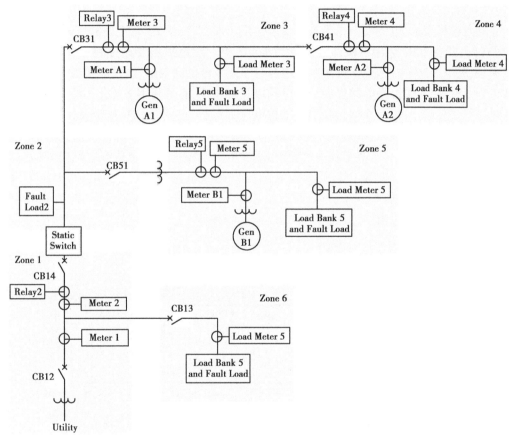

图 1.1　美国 CERTS 微电网模型

CB—断路器;Relay—继电器;Meter—表计;Fault Load—断裂负荷;
Load Meter—负荷表;Static Switch—静态开关

### 1.2.2　日本微电网

日本立足于国内能源日益紧缺、负荷日益增长的现实背景,开展了微电网研究,但其发展目标主要定位于能源供给多样化、减少污染、满足用户的个性化电力需求。日本把以传统电源供电的独立电力系统归入微电网研究范畴,大大扩展了美国 CERTS 对微电网的定义范围。基于该框架,日本在国内建立了多个微电网工程。此外,日本学者还提出了灵活可靠和智能能量供给系统(Flexible Reliability and Intelligent Electrical Energy Delivery System,FRIENDS),其主要思想是在配电网中加入一些灵活交流输电系统(Flexible AC Transmission Systems,FACTS)装置,利用 FACTS 控制器快速、灵活的控制性能,实现对配电网能源结构的优化,并满足用户的多种电能质量需求。目前,日本已将该系统作为其微电网的重要实现形式之一,有关研究将该思想与热电联供设计理念相结合,以期更好地实现环境友好和能源高效利用。多年来,新能源利用一直是日本的发展重点,日本专门成立了新能源与工业技术发展组织(The New Energy and Industrial Technology Development Organization,NEDO)统一协调国内高校、企业与国家重点实验室对新能源及其应用的研究。

### 1.2.3 欧洲微电网

从电力市场需求、电能安全供给及环保等角度出发,欧洲于 2005 年提出"Smart Power Networks"计划,并在 2006 年出台该计划的技术实现方略。欧洲提出要充分利用分布式能源、智能技术、先进电力电子技术等实现集中供电与分布式发电的高效结合,并积极鼓励社会各界广泛参与电力市场,共同推进电网发展。微电网以其智能性、能量利用多元化等特点成为欧洲未来电网的重要组成。目前,欧洲初步形成了微电网的运行、控制、保护、安全及通信等理论,并在实验室微电网平台上对这些理论进行了验证。其后续任务将集中研究更加先进的控制策略、制订相应的标准、建立示范工程等,为分布式发电大规模接入以及传统电网向智能电网的初步过渡作积极准备。如图 1.2 所示为欧洲提出的微电网模型,主要由 ABB 公司、德国 Fraunhofer IWES 公司、德国 SMA 公司、西班牙 ZIV 公司、英国曼彻斯特大学、荷兰 EMforce 公司、希腊 NTUA 公司等提出。

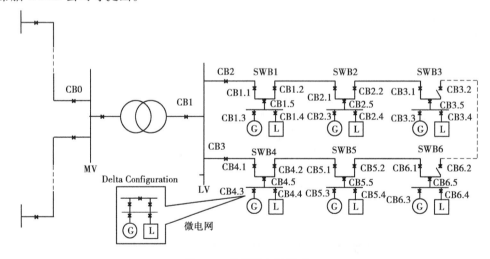

图 1.2 欧盟微电网模型

CB—断路器;SWB—开关板;G—微电源;L—负荷;MV—中压;LV—低压

欧洲提出的微电网模型结构更加全面和完善,其微电源类型不全是带有电力电子接口,所有保护设备均采用数字式智能型设备,设备之间的通信方式采用 CAN 总线,有集中监控和分散监控两种监控方式。集中监控方式由中心监控单元负责与各个开关设备通信、命令下传、开关动作区间的动态设置等。该方式的优点是实现容易,投资成本低,缺点是所有保护开关动作全部依赖中心控制单元,一旦中心控制单元发生故障,会造成整个保护系统瘫痪。分散监控方式实际上由多个中心监控单元组成,分别完成不同的监控功能,当某一个中心监控单元发生故障时,其他监控单元会自动接管其监控任务,避免系统发生瘫痪。其优点是可靠性高,缺点是投资成本相对较高。

除美国、日本、欧洲国家外,加拿大、澳大利亚等国也开展了微电网研究。从各国对未来电网的发展战略和对微电网技术的研究与应用中可知,微电网的形成与发展不是对传统集中式、大规模电网的革命与挑战,而是代表着电力行业服务意识、能源利用意识、环保意识的一种提高与改变。微电网是未来电网实现高效、环保、优质供电的一种重要手段,是对大电网的有益补充。

## 1.3　国内微电网现状及分析

国内的微电网研究起步稍晚,从2006年开始,我国把微电网技术研究列入国家"863"计划、"973"计划专项资助研究。

2006年"863"课题——分布式供能电力系统技术,研究内容有:分布式供能系统并网、控制、保护技术与装置。

2007年"863"课题——微型电网技术,研究内容有:

①含多个发电、储能、用电单元的微型电网体系结构与组网技术。

②微型电网并网、控制和保护技术。

③解并列、独立和并网运行的控制技术。

④微型电网电力电子装置与控制技术。

⑤适用于微型电网的先进储能装置与控制技术。

⑥微型电网内外电能质量控制技术。

⑦微型电网与大电网的能量交换与协调控制技术。

2008年"863"课题——分布式供能技术,研究内容有:

①分布式供能系统能量匹配与控制技术。

②基于微电网运行的间歇式电源和储能关键技术。

2009年"973"课题——分布式发电供能系统相关基础研究,研究内容有:

①微电网运行特性及高渗透率下与大电网相互作用的机理。

②含微电网新型配电系统的规划理论与方法。

③微电网及含微电网配电系统的保护与控制。

④分布式发电供能系统综合仿真与能量优化管理方法。

目前,很多高校、科研院所、大型企业都在进行微电网的试验研究及示范工程的建设工作。

2006年,清华大学开始对微电网领域进行探索研究,利用清华大学电力系统及大型发电设备安全控制和仿真国家重点实验室的硬件条件,建设包含可再生能源发电、储能设备和负荷的微电网试验平台。同时,清华大学还与许继集团有限公司合作,共同搭建微电网仿真平台,建立各种分布式电源本身及并网运行的稳态和动态的数学模型,搭建包含分布式发电、其他供能系统的双向潮流微电网仿真环境,研究微电网建模及运行特性分析、微电网仿真平台开发及运行特性分析、微电网运行对电网综合负荷模型的影响等。

天津大学承担了国家重点基础研究发展计划("973"计划)项目——分布式发电供能系统相关基础研究,华中科技大学、西安交通大学等多家合作单位参与了子课题研究。该项目分为8个子课题:高渗透率下微电网与大电网相互作用机理研究;分布式储能对微电网安全稳定运行的作用机理研究;含微电网新型配电系统的优化规划;微电网及含微电网配电系统的保护原理与技术;微电网并网控制及微电网中多分布式电源协调控制;微电网及含微电网配电系统的电能质量分析与控制;分布式发电供能微电网系统综合仿真;微电网经济运行理论与能量优化管理方法。

合肥工业大学提出了一种基于同步发电机机电暂态模型的新型微电网逆变电源(称为虚拟同步发电机),在微电网发生故障时能作为不间断电源向重要负荷供电。当微电网并入电网运行时,各虚拟同步发电机可采用功率控制策略,使其按照功率调度指令输出功率;当微电网独立运行时,逆变单元采用电压频率控制策略,提供微电网的电压参考。

中国科学院电工研究所建成了 200 kV·A 微电网实验系统,进行了系统稳态、动态的分析,提出稳态和动态计算方法,提出微电网自治运行的控制管理策略,对微电网内分布式发电控制方法、微电网无缝切换等进行了大量研究和实验。

浙江大学分析了典型微电网中逆变器并联系统的有功功率和无功功率环流模型,针对传统下垂法控制的微电网并联逆变器的输出电压幅值和频率的不稳定问题,提出了一种改进的自调节下垂系数控制法。

四川大学研究提出了基于多代理技术的不间断变电站功率协调系统,采用多代理的协调策略,各分布式电源自治地补偿负荷波动,从而提高变电站的负荷跟踪运行能力和可靠性。

2009年,浙江省电力有限公司建立了由多种类型分布式发电、储能装置构成的微电网实验平台,可灵活组成多种微电网结构,模拟多种类型故障,并可实现并网与离网运行模式的灵活切换,开展对各种协调控制与保护技术、电能质量控制技术及其他各种高级应用功能的实验测试和验证。

2010年,河南省电力有限公司与许继集团有限公司联合完成了国家电网公司的"分布式光储联合微电网运行控制综合研究及工程应用"的示范工程项目(该项目结合了财政部金太阳示范工程项目)。项目地点在河南财政金融学院(原河南财政税务高等专科学校),光伏发电系统功率为 380 kW,储能系统规模为 $2 \times 100$ kW/100 kW·h;微电网系统控制范围为河南财政税务高等专科学校 4 号配电区学生宿舍及食堂,包括 3 路光伏发电系统、2 路储能系统及32 路低压配电回路,并与中牟县电力公司调度机构进行通信。

同年,陕西省电力有限公司与许继集团有限公司联合完成了"分布式发电/储能及微电网控制技术研究"的示范工程项目。项目地点在西安世界园艺博览会园区入口处,包含智能配电网、分布式发电与微电网、电动汽车充电站、智能用电体验等方面在内的一系列试点工程,面向公众展示国家电网公司智能电网的新技术和新成果。项目结合电动汽车充电站,在电动汽车充电站顶棚建设 50 kW 光伏发电系统,在电动汽车充电站周围安装 6 台共 12 kW 风力发电系统,配置 30 kW/60 kW·h 储能系统。

这两个微电网示范工程,验证了微电网系统能实现并网最优运行、离网稳定运行、并离网自动切换、微电网交换功率可控等微电网特有的功能,实现了将示范工程项目建成一个真正运行的具有微电网特征的实际工程项目。

2010年,南方电网公司国家"863"计划——分布式供能课题冷电联供系统示范工程正式投运,项目地点在佛山市禅城区供电局,示范工程采用 3 台 200 kW 微燃机和 1 台溴化锂制冷机,整个冷电联供系统可满足供电局大院内 3 栋大楼的冷电负荷需求,按照设计目标,一次能源利用效率超过 75%。

## 1.4　微电网的展望

基于先进的信息技术和通信技术,电力系统将向更灵活、清洁、安全及经济的"智能电网"的方向发展。智能电网以包括发电、输电、配电和用电各环节的电力系统为对象,通过不断研究新型的电网控制技术,并将其有机结合,实现从发电到用电所有环节信息的智能交互,系统地优化电力生产、输送和使用。在智能电网的发展过程中,配电网需要从被动式的网络向主动式的网络转变,这种网络有利于分布式发电的参与,能更有效地连接发电侧和用户侧,使双方都能实时地参与电力系统的优化运行。微电网是实现主动式配电网的一种有效方式,微电网技术能够促进分布式发电的大规模接入,有利于传统电网向智能电网的过渡。

微电网中的各种分布式发电和储能装置的使用不仅实现了节能减排,还极大地推动了我国的可持续发展战略。与传统的集中式能源系统相比,以新能源为主的分布式发电向负荷供电,可以大大减少线损,节省输配电建设投资,又可与大电网集中供电相互补充,是综合利用现有资源和设备、为用户提供可靠和优质电能的理想方式,达到更高的能源综合利用效率,同时可以提高电网的安全性。微电网技术虽然引入我国不久,但顺应了我国大力促进可再生能源发电、走可持续发展道路的要求,对其进行深入研究具有重要意义。

# 第2章
# 微电网的构成与分类

## 2.1 微电网的构成

  微电网由分布式发电(DG)、负荷、储能装置及控制装置4个部分组成,微电网对外是一个整体,通过一个公共连接点(Point of Common Coupling,PCC)与电网相连。如图2.1所示为微电网的组成及结构。

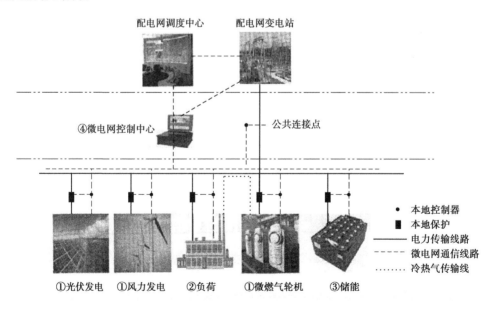

图2.1　微电网的组成及结构

  ①分布式发电(DG)。DG可以是以新能源为主的多种能源形式,如光伏发电、风力发电、燃料电池,也可以热电联产(Combined Heat and Power,CHP)或冷热电联产(Combined Cooling, Heat and Power,CCHP)形式存在,就地向用户提供热能,提高DG利用效率和灵活性。

②负荷。负荷包括各种一般负荷和重要负荷。

③储能装置。储能装置可采用各种储能方式,包括物理储能、化学储能、电磁储能等,用于新能源发电的能量存储、负荷的削峰填谷,微电网的"黑启动"等。

④控制装置。控制装置构成控制系统,可实现分布式发电控制、储能控制、并离网切换控制、微电网实时监控、微电网能量管理等。

## 2.2 微电网的体系结构

如图2.2所示为许继集团有限公司采用"多微电网结构与控制"在示范工程中实施的微电网三层控制方案结构。最上层称为配电网调度层,从配电网的安全、经济运行的角度协调调度微电网,微电网接受上级配电网的调节控制命令。中间层称为集中控制层,对 DG 发电功率和负荷需求进行预测,制订运行计划,根据采集电流、电压、功率等信息,对运行计划实时调整,控制各 DG、负荷和储能装置的启停,保证微电网电压和频率稳定。在微电网并网运行时,优化微电网运行,实现微电网最优经济运行;在微电网离网运行时,调节分布电源出力和各类负荷的用电情况,实现微电网的稳态安全运行。下层称为就地控制层,负责执行微电网各 DG 调节、储能充放电控制和负荷控制。

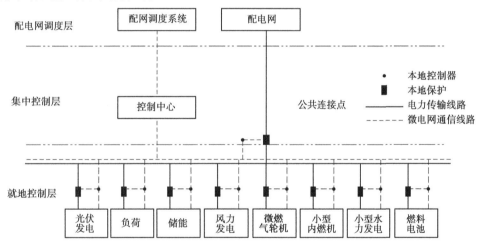

图2.2 微电网三层控制方案结构

### 2.2.1 配电网调度层

配电网调度层为微电网配网调度系统,从配电网的安全、经济运行的角度协调调度微电网,微电网接受上级配电网的调节控制命令。

①微电网对大电网表现为单一可控、可灵活调度的单元,既可与大电网并网运行,也可在大电网故障或需要时与大电网断开运行。

②在特殊情况(如发生地震、暴风雪、洪水等意外灾害情况)下,微电网可作为配电网的备用电源向大电网提供有效支撑,加速大电网的故障恢复。

③在大电网用电紧张时,微电网可利用自身的储能进行削峰填谷,从而避免配电网大范围

的拉闸限电,减少大电网的备用容量。

④微电网正常运行时参与大电网经济运行调度,提高整个电网的运行经济性。

### 2.2.2 集中控制层

集中控制层为微电网控制中心(Micro-Grid Control Center,MGCC),是整个微电网控制系统的核心部分,集中管理 DG、储能装置和各类负荷,完成对整个微电网的监视和控制。它可根据整个微电网的运行情况,实时优化控制策略,实现并网、离网、停运的平滑过渡;在微电网并网运行时负责实现微电网优化运行,在离网运行时调节分布式发电出力和各类负荷的用电情况,实现微电网的稳态安全运行。

①集中控制层在微电网并网运行时实施经济调度,优化协调各 DG 和储能装置,实现削峰填谷以平滑负荷曲线。

②在并离网过渡中协调就地控制器,快速完成转换。

③集中控制层在离网时协调各分布式发电、储能装置、负荷,保证微电网重要负荷的供电、维持微电网的安全运行。

④在微电网停运时,集中控制层启用"黑启动",使微电网快速恢复供电。

### 2.2.3 就地控制层

就地控制层由微电网的就地保护设备和就地控制器组成,微电网就地控制器完成分布式发电对频率和电压的一次调节,完成微电网的故障快速保护,通过就地控制和保护的配合实现微电网故障的快速"自愈"。DG 接受 MGCC 调度控制,并根据调度指令调整其有功、无功出力。

①离网主电源就地控制器实现 Uf 控制和 PQ 控制的自动切换。

②负荷控制器根据系统的频率和电压,切除不重要负荷,保证系统的安全运行。

③就地控制层和集中控制层采取弱通信方式进行联系。就地控制层实现微电网暂态控制,微电网集中控制中心实现微电网稳态控制和分析。

## 2.3 微电网的运行模式

微电网运行分为并网运行和离网(孤岛)运行两种状态,其中,并网运行根据功率交换的不同可分为功率匹配运行状态和功率不匹配运行状态。如图 2.3 所示,配电网与微电网通过公共连接点(PCC)相连,流过 PCC 处的有功功率为 $\Delta P$,无功功率为 $\Delta Q$。当 $\Delta P = 0$ 且 $\Delta Q = 0$ 时,流过 PCC 的电流为零,微电网各 DG 的出力与负荷平衡,配电网与微电网实现了零功率交换,这是微电网最佳、最经济的运行方式,此种运行方式称为功率匹配运行状态。当 $\Delta P \neq 0$ 或 $\Delta Q \neq 0$ 时,流过 PCC 的电流不为零,配电网与微电网实现了功率交换,此种运行方式称为功率不匹配运行状态。在功率不匹配运行状态情况下,若 $\Delta P < 0$,微电

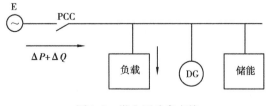

图 2.3 微电网功率交换

网各 DG 发出的电除满足负荷使用外,多余的有功输送给配电网,这种运行方式称为有功过剩。若 $\Delta P > 0$,微电网各 DG 发出的电不能满足负荷使用,需要配电网输送缺额的电力,这种运行方式称为有功缺额。同理,若 $\Delta Q < 0$,称为无功过剩;若 $\Delta Q > 0$,称为无功缺额,都为功率不匹配运行状态。

### 2.3.1　并网运行

并网运行就是微电网与公用大电网相连(PCC 闭合),与主网配电系统进行电能交换。

微电网运行模式互相转换的示意图如图 2.4 所示。

①微电网在停运时,通过并网控制可以直接转换到并网运行模式,并网运行时通过离网控制可转换到离网运行模式。

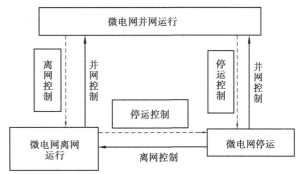

图 2.4　微电网运行模式的互相转换

②微电网在停运时,通过离网控制可以直接转换到离网运行模式,离网运行时通过并网控制可转换到并网运行模式。

③并网或离网运行时可通过停运控制使微电网停运。

### 2.3.2　离网运行

离网运行又称"孤岛运行",是指在电网故障或计划需要时,与主网配电系统断开(即 PCC 断开),由 DG、储能装置和负荷构成的运行方式。微电网离网运行时由于自身提供的能量一般较小,不足以满足所有负荷的电能需求,因此,应依据负荷供电重要程度的不同进行分级,以保证重要负荷供电。

## 2.4　微电网的控制模式

### 2.4.1　微电网控制模式

微型电网常用的控制策略主要分为 3 种:主从型、对等型和综合型。其中,小型微电网常用的是主从控制模式。

**(1)主从控制模式**

主从控制模式(master-slave mode)是将微电网中各个 DG 采取不同的控制方法,并赋予不同的职能,如图 2.5 所示。其中一个或几个作为主控,其他作为"从属"。并网运行时,所有 DG 均采用 PQ 控制策略。孤岛运行时,主控 DG 控制策略切换为 Uf 控制,以确保向微电网中的其他 DG 提供电压和频率参考,负荷变化也由主控 DG 来跟随,要求其功率输出能够在一定范围内可控,且能够足够快地跟随负荷的波动,而其他从属地位的 DG 仍采用 PQ 控制策略。

主从控制模式存在一些缺点。首先,主控 DG 采用 Uf 控制策略,其输出的电压是恒定的,要增加输出功率,只能增大输出电流,而负荷的瞬时波动通常先由主控 DG 来进行平衡,要求主控 DG 有一定的可调节容量。其次,整个系统通过主控 DG 来协调控制其他 DG,一旦主控 DG 出现故障,整个微电网就不能继续运行。另外,主从控制需要微电网能够准确地检测到孤岛发生的时刻,孤岛检测本身即存在一定的误差和延时,在没有通信通道支持下,控制策略切换存在失败的可能性。

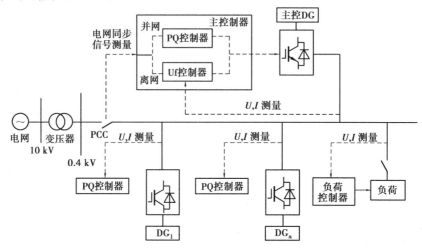

图 2.5　主从控制微电网结构

主控 DG 要能够满足在两种控制模式间快速切换的要求,微电网中主控 DG 可有以下 3 种选择:

①光伏、风电等随机性 DG。

②储能装置、微型燃气轮机和燃料电池等容易控制并且供能比较稳定的 DG。

③DG + 储能装置,如选择光伏发电装置与储能装置或燃料电池结合作为主控 DG。

第三种方式具有一定的优势,能充分利用储能系统的快速充放电功能和 DG 所具有的可较长时间维持微电网孤岛运行的优势。采用这种模式,储能装置在微电网转为孤岛运行时可以快速为系统提供功率支撑,有效地抑制由 DG 动态响应速度慢引起的电压和频率的大幅波动。

**(2)对等控制模式**

对等控制模式(peer-to-peer mode)是基于电力电子技术的"即插即用"与"对等"的控制思想,微电网中各 DG 之间是"平等"的,各控制器间不存在主从关系。所有 DG 以预先设定的控制模式参与有功和无功的调节,从而维持系统电压、频率的稳定。对等控制采用基于下垂特性的下垂(Droop)控制策略,结构如图 2.6 所示。在对等控制模式下,当微电网离网运行时,每个采用 Droop 控制模型的 DG 都参与微电网电压和频率的调节。在负荷变化的情况下,自动依据下垂系数分担负荷的变化量,即各 DG 通过调整各自输出电压的频率和幅值,使微电网达到一个新的稳态工作点,最终实现输出功率的合理分配。Droop 控制模型能够实现负载功率变化在 DG 之间的自动分配,但负载变化前后系统的稳态电压和频率会有所变化,对于系统电压和频率指标而言,这种控制实际上是一种有差控制。无论在并网运行模式还是在孤岛运行模式,微电网中 DG 的 Droop 控制模型可以不加变化,系统运行模式易于实现无缝切换。

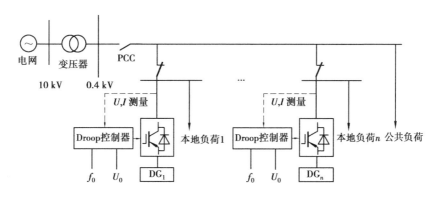

图 2.6 对等控制微电网结构

采用 Droop 控制模型的 DG 可根据接入系统点电压和频率的局部信息进行独立控制,实现电压、频率的自动调节,不需要相应的通信环节,实现 DG 的"即插即用",灵活方便地构建微电网。与主从控制由主控 DG 分担不平衡功率不同,对等控制将系统的不平衡功率动态分配给各 DG 承担,具有简单、可靠、易于实现的特点,但是牺牲了频率和电压的稳定性,目前采用这种控制方式的微电网实验系统仍停留在实验室阶段。

(3)综合控制模式

主从控制和对等控制各有其优劣,在实际微电网中,可能有多种类型的 DG 接入,既有光伏发电、风力发电这样的随机性 DG,又有微型燃气轮机、燃料电池这样比较稳定和容易控制的 DG 或储能装置,不同类型的 DG 控制特性差异很大。采用单一的控制方式显然不能满足微电网运行的要求,结合微电网内 DG 和负荷都具有分散性的特点,根据 DG 的不同类型采用不同的控制策略,可以采用既有主从控制又有对等控制的综合控制方式。

### 2.4.2 微电网中逆变器控制模式

分布式发电接入微电网后存在并网和离网两种运行模式。并网运行时,微电网内的各个 DG 只需控制功率的输出以保证微电网内部功率的平衡。由于微电网的总体容量相对于电网来说较小,因此额定电压和额定频率都由电网来支持和调节,此时逆变器的控制一般采用 PQ 控制方式。离网运行时,微电网与电网连接断开,此时微电网内部要保持电压和频率的额定值,就需要某个或者某几个电源担当电网的角色来提供额定电压和额定频率。这些 DG 常采用 Uf 和 Droop 控制策略。

(1)PQ 控制

逆变器作为微电网与大电网之间的接口,最基本的功能就是控制输出的有功功率和无功功率。PQ 控制是指逆变器能够实现有功功率和无功功率,而逆变器参考功率的确定则是逆变器功率控制的前提。对功率控制,中小型容量的 DG 可采用恒定功率方式进行并网,其电压和频率由电网提供刚性支撑,DG 不考虑频率调节和电压调节,仅发出或吸收功率。这样可以有效地避免 DG 直接参与电网馈线的电压调节,从而避免对电力系统造成负面影响。

PQ 控制采用电网电压定向的 PQ 解耦控制策略,外环采用功率控制,内环采用电流控制。其数学模型是通过 Park 变换将三相电压变换到旋转坐标系 $dq$ 轴,得到逆变器电压方程,即

$$v_d = Ri_d + L\frac{\mathrm{d}i_d}{\mathrm{d}t} - \omega Li_q + u_d \\ \left. v_q = Ri_q + L\frac{\mathrm{d}i_q}{\mathrm{d}t} - \omega Li_d + u_q \right\} \tag{2.1}$$

式中:$u_d$、$u_q$为逆变器出口电压;$\omega Li_q$、$\omega Li_d$为$dq$交叉耦合项。在后续控制中可利用前馈补偿将其消除。

外环功率控制通常采用 PI 控制器,其数学模型为

$$i_{dref} = (P_{ref} - P)\left(k_p + \frac{k_i}{s}\right) \\ \left. i_{qref} = (Q_{ref} - Q)\left(k_p + \frac{k_i}{s}\right) \right\} \tag{2.2}$$

式中:$P_{ref}$、$Q_{ref}$为有功和无功功率参考值;$i_{dref}$、$i_{qref}$为$d$轴和$q$轴的参考电流。

如果电网电压$u$保持恒定,则逆变器输出有功功率和$d$轴电流$i_d$成正比,无功功率和$q$轴电流$i_q$成正比。

$v_{d1}$、$v_{q1}$和逆变器输出$dq$轴电流之间的传递函数为一阶惯性环节,即通过$dq$轴电流可以控制$dq$轴电压。根据这个关系可以设计电流内环控制器,通常采用 PI 控制,内环采用电流控制,其数学模型为

$$v_{d1} = (i_{dref} - i_d)\left(k_p + \frac{k_i}{s}\right) \\ \left. v_{q1} = (i_{qref} - i_q)\left(k_p + \frac{k_i}{s}\right) \right\} \tag{2.3}$$

在此基础上加入补偿项就可以消除电网电压和$dq$轴交叉耦合的影响,实现电流的解耦控制,得到的$dq$轴电压通过 Park 反变换得到逆变器控制波,再经过正弦脉宽调制即可得逆变器输出的三相电压。PQ 控制原理图如图 2.7 所示。

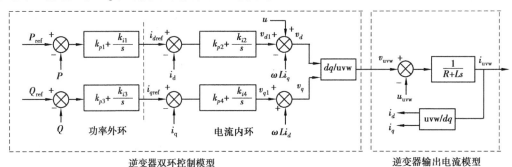

图 2.7　PQ 控制原理图

**(2) Uf 控制**

Uf 控制是指逆变器输出稳定的电压和频率,确保离网运行中其他从属 DG 和敏感负荷继续工作。由于孤岛容量有限,一旦出现功率缺额,需切除次要负荷以确保敏感负荷的工作,因此 Uf 控制要能够响应跟踪负荷投切。

Uf 控制策略是利用逆变器反馈电压以调节交流侧电压来保证输出电压的稳定,常采用电压外环、电流内环的双环控制方案。电压电流双环控制充分利用了系统的状态信息,动态性能

好,稳态精度高。同时,电流内环增大了逆变器控制系统的带宽,使得逆变器动态响应加快,对非线性负载扰动的适应能力加强,输出电压的谐波含量减少。

Uf 的解耦方式和控制与 PQ 相似。Uf 控制原理图如图 2.8 所示,采用电压外环、电流内环的双环控制方法,给定参考电压 $U_{\text{ldd}}^*$、$U_{\text{ldq}}^*$,实测电压 $U_{\text{ldd}}$、$U_{\text{ldq}}$。

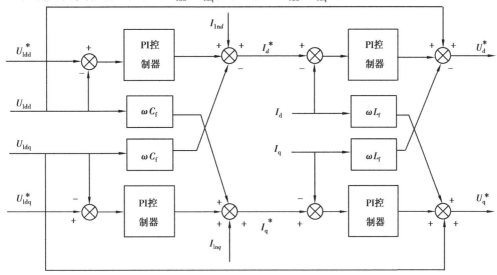

图 2.8　Uf 控制原理图

**(3) Droop 控制**

Droop 控制是模拟传统电网中发电机的下垂特性,根据输出功率的变化控制电压源逆变器(Voltage Source Inverter,VSI)的输出电压和频率。Droop 控制策略源于逆变器并联技术,DG 均通过逆变器接入微电网,孤岛运行时,相当于多个逆变器并联,各逆变单元的输出有功功率和无功功率分别为

$$
\left.
\begin{aligned}
P_{\text{n}} &= \frac{UU_{\text{n}}}{X_{\text{n}}}\delta_{\text{n}} \\
Q_{\text{n}} &= \frac{UU_{\text{n}} - U^2}{X_{\text{n}}}
\end{aligned}
\right\}
\tag{2.4}
$$

式中:$U$ 为并网系统电压;$U_{\text{n}}$ 为逆变电源输出电压;$X_{\text{n}}$ 为逆变器电源输出电抗;$\delta_{\text{n}}$ 为 $U_{\text{n}}$ 与 $U$ 之间的夹角。

由式(2.4)可知,有功功率的传输主要取决于功角 $\delta_{\text{n}}$,无功功率的传输主要取决于逆变单元输出电压的幅值 $U_{\text{n}}$。逆变电源输出电压的幅值可以直接控制,通过调节逆变单元输出角频率或频率来控制相位,即

$$
f_{\text{n}} = \frac{\omega_{\text{n}}}{2\pi} = \frac{\mathrm{d}\delta_{\text{n}}}{\mathrm{d}t}
\tag{2.5}
$$

由式(2.4)和式(2.5)可知,通过调节逆变器无功输出,调节其输出电压;通过调节逆变器有功输出,调节其输出频率,从而得到如图 2.9 所示的下垂控制特性。

倒下垂控制是根据测量电网电压的幅值和频率分别控制输出有功功率和无功功率,使其跟踪预定的下垂特性。这种控制与根据输出功率调节输出电压的方式完全相反,这种控制称为倒下垂控制策略,即通过调节逆变器输出电压幅值调节其无功输出,通过调节逆变器输出频

率调节其有功输出。

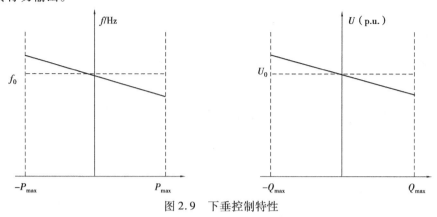

图 2.9  下垂控制特性

为了完成微电网的基本运行,逆变器的控制可以采用 PQ 控制、下垂控制或倒下垂控制,实现仅依靠测量本地信息来控制 DG 的输出功率。

## 2.5  微电网接入电压等级

微电网根据接入电压等级不同,可分为以下 3 种:

①380 V 接入(市电接入)。

②10 kV 接入。

③380 V/10 kV 混合接入。

如图 2.10 所示为微电网接入电压等级示意图。其中,图 2.10(a)表示接入电压为市电

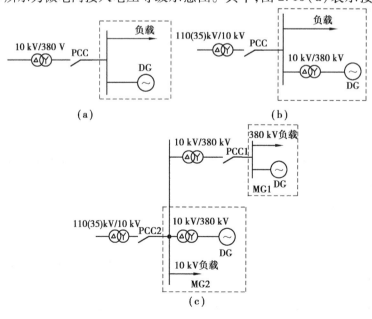

图 2.10  微电网接入电压等级

(a)380 V 接入;(b)10 kV 接入;(c)380 V/10 kV 混合接入

380 V 的低压配电网;图 2.10(b)表示接入电压为 10 kV 的配电网,需要通过升压变压器将 380 V 变为 10 kV 接入;图 2.10(c)表示接入电压既有市电 380 V 的低压配电网,也有 10 kV 配电网。

## 2.6　微电网的分类

微电网建设应根据不同的建设容量、建设地点、分布式电源的种类,建设适应当地具体情况的微电网。建设的微电网可按照不同分类方法分类。

### 2.6.1　按功能需求分类

按功能需求划分,微电网分为简单微电网、多种类设备微电网和公用微电网。

**(1)简单微电网**

简单微电网仅含有一类分布式发电,其功能和设计相对简单,如仅为了实现冷、热、电联供(CCHP)的应用或保障关键负荷的供电。

**(2)多种类设备微电网**

多种类设备微电网含有不只一类分布式发电,由多个不同的简单微电网组成或者由多种性质互补协调运行的分布式发电构成。相对于简单微电网,多种类设备微电网的设计与运行更加复杂,此类微电网中应划分一定数量的可切负荷,以便在紧急情况下离网运行时维持微电网的功率平衡。

**(3)公用微电网**

在公用微电网中,凡是满足一定技术条件的分布式发电和微电网都可以接入,它根据用户对可靠性的要求进行负荷分级,紧急情况下首先保证高优先级负荷的供电。

微电网按功能需求分类很好地解决了微电网运行时的归属问题:简单微电网可以由用户所有并管理;公用微电网可由供电公司运营;多种类设备微电网既可属于供电公司,也可属于用户。

### 2.6.2　按用电规模分类

按用电规模划分,微电网分为简单微电网、企业微电网、馈线区域微电网、变电站区域微电网和独立微电网,见表 2.1。

表 2.1　按用电规模划分的微电网

| 类　　型 | 发电量 | 主网连接 |
|---|---|---|
| 简单微电网 | <2 MW | 常规电网 |
| 企业微电网 | 2~5 MW | |
| 馈线区域微电网 | 5~20 MW | |
| 变电站区域微电网 | >20 MW | |
| 独立微电网 | 根据海岛、山区、农村负荷决定 | 柴油机发电等 |

**(1)简单微电网**

其用电规模小于 2 MW,由多种负荷构成,如规模比较小的独立性设施、机构(如医院、学校)等。

**(2)企业微电网**

其用电规模为 2~5 MW,由规模不同的冷、热、电联供设施加上部分小的民用负荷组成,一般不包含商业和工业负荷。

**(3)馈线区域微电网**

其用电规模为 5~20 MW,由规模不同的冷、热、电联供设施加上部分大的商业和工业负荷组成。

**(4)变电站区域微电网**

其用电规模大于 20 MW,一般由常规的冷、热、电联供设施加上附近全部负荷(即居民、商业和工业负荷)组成。

以上 4 种微电网的主网系统为常规电网,又统称为并网型微电网。

**(5)独立微电网**

独立微电网主要用于边远山区(包括海岛、山区、农村),或常规电网辐射不到的地区,主网配电系统采用柴油发电机发电或其他小机组发电构成主网供电,满足地区用电。

### 2.6.3 按交直流类型分类

按交直流类型划分,微电网分为直流微电网、交流微电网和交直流混合微电网。

**(1)直流微电网**

直流微电网是指采用直流母线构成的微电网,如图 2.11 所示。DG、储能装置、直流负荷通过变流装置接至直流母线,直流母线通过逆变装置接至交流负荷,直流微电网向直流负荷、交流负荷供电。

直流微电网的优点:

①DG 的控制只取决于直流电压,直流微电网的 DG 较易协同运行。

②DG 和负荷的波动由储能装置在直流侧补偿。

③与交流微电网比较,控制容易实现,不需考虑各 DG 间同步问题,环流抑制更具有优势。

缺点:常用用电负荷为交流负荷,需要通过逆变装置给交流用电负荷供电。

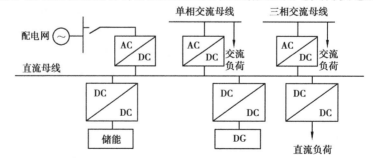

图 2.11 直流微电网结构

**(2)交流微电网**

交流微电网是指采用交流母线构成的微电网,交流母线通过公共连接点(PCC)断路器控制,实现微电网并网运行与离网运行。如图 2.12 所示为交流微电网结构,DG、储能装置通过逆变装置接至交流母线。

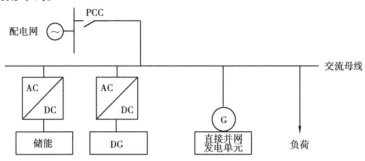

图 2.12　交流微电网结构

交流微电网是微电网的主要形式,本书后面介绍的微电网主要是指交流微电网。

交流微电网的优点:采用交流母线与电网相连,符合交流用电情况,交流用电负荷不需专门的逆变装置。

缺点:微电网控制运行较难。

**(3) 交直流混合微电网**

交直流混合微电网是指采用交流母线和直流母线共同构成的微电网。如图 2.13 所示为交直流混合微电网结构,含有交流母线及直流母线,可以直接给交流负荷及直流负荷供电。整体上看,交直流混合微电网是特殊电源接入交流母线,仍可以看成交流微电网。

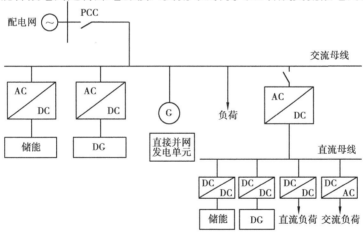

图 2.13　交直流混合微电网结构

# 第 **3** 章

# 分布式电源控制技术

分布式电源是微电网的基本组成部分,微电网的控制依赖于对分布式电源的控制。适用于微电网应用的分布式电源主要包括光伏发电、风力发电、微型燃气轮机发电、燃料电池发电等。微电网通过对分布式电源的协调控制实现稳定运行,相对于外部电网表现为单一的自治受控单元,能够满足外部输配电网络的需求。为实现上述运行功能和目标,微电网要求部分分布式电源不仅具有 PQ 控制和 Uf 控制,还需要具备下垂控制、谐波补偿以及防孤岛等控制策略。其中微型燃气轮机和储能可以在离网情况下作主电源运行。PQ 控制由能量管理系统下发控制指令,分布式电源接受统一管控;Uf 控制由分布式电源本体控制电压、频率,保障微电网稳定运行。

## 3.1 光伏发电

### 3.1.1 光伏发电原理

光伏发电系统是指利用光伏电池半导体材料的光生伏特效应,将太阳光辐射能直接转换为电能的一种发电系统。当太阳光线照射到光伏电池表面时,部分带有能量的光子入射半导体内,光子与构成半导体的材料相互作用产生电子和空穴。在 PN 结产生的静电场作用下,电子将向 N 型半导体扩散,而空穴则向 P 型半导体扩散,并各自聚集在两电极部分,即负电荷和正电荷聚集在半导体两端,如果将两个电极用导线连接,就会有电荷流动,进而产生电能。

光伏电池实际上就是一个大面积的平面二极管,在阳光照射下可产生直流电流。PN 结光伏电池等效电路如图 3.1 所示。

设定图 3.1 中所示的电压、电流方向为正方向,采用基尔霍夫电流定律,得出光伏电池发电状态的电流方程式为

$$I = I_{ph} - I_d - I_{sh} \tag{3.1}$$

式中:$I$ 为光伏电池的输出电流;$I_{ph}$ 为光生电流;$I_d$ 为流过二极管的电流;$I_{sh}$ 为流过内部并联电阻 $R_{sh}$ 的电流。

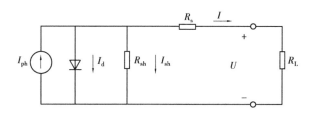

图 3.1　PN 结光伏电池等效电路

对 $I_d$ 有

$$I_d = I_s\left[\exp\left(\frac{qU_d}{AkT} - 1\right)\right] \tag{3.2}$$

综合式(3.1)和式(3.2)可得单个光伏电池的输出伏安特性表达式为

$$I = I_{ph} - I_s\left\{\exp\left[\frac{q(U + IR_s)}{AkT}\right] - 1\right\} - \frac{U + IR_s}{R_{sh}} \tag{3.3}$$

式(3.3)中最后一项 $(U + IR_s)/R_{sh}$ 为对地的漏电流。实际的电池中,漏电流与 $I_{ph}$ 和 $I_s$ 相比是很微小的,通常被忽略,简化后的光伏电池输出特性方程为

$$I = I_{ph} - I_s\left\{\exp\left[\frac{q(U + IR_s)}{AkT}\right] - 1\right\} \tag{3.4}$$

式(3.4)是基于物理原理的最基本解析表达式,已广泛应用于光伏电池的理论分析。

光伏发电系统一般由光伏电池阵列、汇流箱、光伏并网逆变器构成。光伏阵列产生直流电,通过并网逆变器转化成与公共电网同频率的交流电,接入公共电网。

**(1)光伏电池阵列**

光伏电池单元是光电转换的最小单元,将光伏电池单元进行串、并联封装后,得到的组合体称为光伏电池组件,即单独作电源使用的最小单元。光伏电池组件再经过串、并联构成光伏阵列。

**(2)汇流箱**

将光伏组串连接,实现光伏组串间并联的箱体,并将必要的保护器件安装在此箱体内,简称汇流箱。

**(3)光伏并网逆变器**

逆变器是将光伏电池发出的直流电变换成交流电的变换装置。逆变器是光伏发电系统中的重要部件。

典型的光伏发电系统原理如图 3.2 所示。

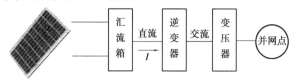

图 3.2　光伏发电系统原理图

### 3.1.2　控制策略

光伏逆变器不仅具有直交流变换功能,还具有最大限度发挥光伏电池性能和系统故障保

护的功能,可实现最大功率跟踪(Maximum Power Point Tracking,MPPT)、自动电压调整、直流检测、电网低电压穿越、无功支撑和防孤岛。光伏逆变器控制策略主要分为直接电流控制和直接功率控制两大类。

直接电流控制通过构成电流闭环控制,提高了系统的动态响应速度和输出电流波形品质,同时降低了其对参数变化的敏感程度,增强了系统的鲁棒性。直接电流控制策略包含基于电压定向的矢量控制(Voltage-Oriented Vector Control,VOC)、基于虚拟磁链定向的矢量控制(Virtual Flux Oriented Vector Control,VFOC)、重复控制、滞环控制、无差拍控制、模糊控制、神经网络控制。其中,VOC 和 VFOC 两种控制方法应用较广泛。

直接功率控制是通过构成功率闭环系统,对逆变器输出功率进行直接控制。直接功率控制策略分为基于电压定向的直接功率控制(Voltage Direct Power Control,V-DPC)和基于虚拟磁链定向的直接功率控制(Virtual Flux Direct Power Control,VF-DPC)。

**(1)直接电流控制**

①基于电压定向的矢量控制。基于电网电压定向的并网逆变器输出电流矢量如图 3.3 所示。其中,$\vec{e}_\alpha$、$\vec{e}_\beta$ 分别为并网逆变器交流电压 $\alpha$、$\beta$ 轴分量实际值;$\vec{i}_\alpha$、$\vec{i}_\beta$ 分别为并网逆变器交流电流 $\alpha$、$\beta$ 轴分量实际值;$\vec{i}_d$、$\vec{i}_q$ 分别为并网逆变器交流 $d$、$q$ 轴分量实际值;$\gamma$ 为相角。

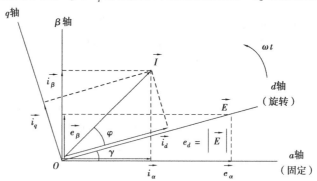

图 3.3　基于电网电压定向的输出电流矢量图

若不考虑电网电压的波动,即 $e_d$ 为一定值,并网逆变器的瞬时有功功率 $p$ 和无功功率 $q$ 仅与并网逆变器输出电流的 $d$、$q$ 轴分量 $\vec{i}_d$、$\vec{i}_q$ 成正比。这表明,如果电网电压不变,则通过 $\vec{i}_d$、$\vec{i}_q$ 的控制即可分别控制并网逆变器的有功功率和无功功率。基于电网电压定向的矢量控制系统如图 3.4 所示。其中,$e_a$、$e_b$、$e_c$ 为并网逆变器三相交流电压;$i_a$、$i_b$、$i_c$ 为并网逆变器三相交流电流;$e_\alpha$、$e_\beta$ 分别为并网逆变器交流电压 $\alpha$、$\beta$ 轴分量实际值;$i_\alpha$、$i_\beta$ 分别为并网逆变器交流电流 $\alpha$、$\beta$ 轴分量实际值;$i_d$、$i_q$ 分别为并网逆变器交流电流 $d$、$q$ 轴分量实际值;$i_d^*$、$i_q^*$ 分别为并网逆变器交流 $d$、$q$ 轴分量给定值;$u_d^*$、$u_q^*$ 分别为逆变器输出电压 $d$、$q$ 轴分量的参考值;$u_{dc}$ 为直流母线侧电压实际值,$u_{dc}^*$ 为直流母线电压给定值。

VOC 的问题在于当电网电压含有谐波等干扰时,会直接影响电网电压基波矢量相角的检测,从而影响 VOC 矢量定向的准确性及其控制性能。

②基于虚拟磁链定向的矢量控制。基于虚拟磁链定向的矢量控制是在电压定向的矢量控制基础上发展而来的,是对 VOC 的一种改进。虚拟磁链定向矢量控制基本出发点是将并网逆

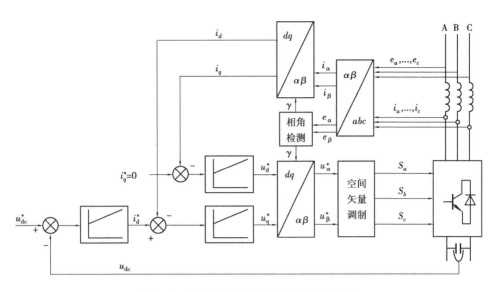

图 3.4　基于电网电压定向的矢量控制框图

变器的交流侧等效成一个虚拟的交流电动机,三相电网电压矢量 $E$ 经过积分,所得矢量 $\boldsymbol{\psi} = \int E dt$ 可认为是该虚拟交流电动机的气隙磁链 $\psi$。积分的低通滤波特性可有效克服电网电压谐波对磁链 $\psi$ 的影响,从而确保矢量定向的准确性。基于 VFOC 的矢量图如图 3.5 所示,基于 VFOC 的系统示意图如图 3.6 所示。其中,$e_a$、$e_b$、$e_c$ 为并网逆变器三相交流电压;$i_a$、$i_b$、$i_c$ 为并网逆变器三相交流电流;$e_\alpha$、$e_\beta$ 分别为并网逆变器交流电压 $\alpha$、$\beta$ 轴分量实际值;$i_\alpha$、$i_\beta$ 分别为并网逆变器交流电流 $\alpha$、$\beta$ 轴分量实际值;$i_d$、$i_q$ 分别为并网逆变器交流电流 $d$、$q$ 轴分量实际值;$i_d^*$、$i_q^*$ 分别为并网逆变器交流电流 $d$、$q$ 轴分量参考值;$\psi_\alpha$、$\psi_\beta$ 分别为虚拟电网磁链的 $\alpha$、$\beta$ 轴分量;$u_d^*$、$u_q^*$ 分别为逆变器输出电压 $d$、$q$ 轴分量的参考值;$u_\alpha^*$、$u_\beta^*$ 分别为逆变器输出电压 $\alpha$、$\beta$ 轴分量的参考值;$\gamma$ 为空间矢量位置角。图 3.5 中角度 $\gamma$ 为需要观测的物理量。根据图 3.5 中矢量关系,可以求出角度 $\gamma$ 值。在完成对相位角的估计后,就可以按照传统的脉冲宽度调制(Pulse Width Modulation,PWM)整流器控制方法进行控制。

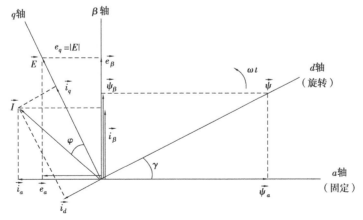

图 3.5　基于 VFOC 的矢量图

23

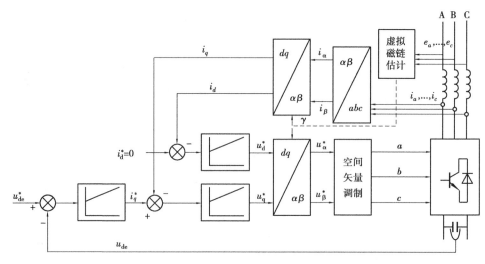

图 3.6　基于 VFOC 的系统示意图

**（2）直接功率控制**

①基于电压定向的直接功率控制。上述 VOC 与 VFOC 两种并网逆变器的控制策略中,并网逆变器的有功、无功功率控制实际上是通过 $dq$ 坐标系中电流闭环控制来间接实现的。为了取得功率的快速响应控制,可以借鉴交流电机驱动控制中直接转矩控制的基本思路,即采用直接功率控制:对并网逆变器输出的瞬时有功、无功功率进行检测运算,再将其检测值与给定的瞬时功率的偏差送入相应的滞环比较器,根据滞环比较器的输出以及电网电压矢量位置的判断运算,确定驱动功率开关管的开关状态。

将并网逆变器瞬时功率表达式中的电网电压用逆变器输出电流和直流侧电压求得,通过逆变器回路的电压方程运算获得电网电压的估算值。采用此方法,先计算瞬时有功、无功功率的估算值,进而求出电网电压的估算值,而瞬时有功、无功功率的估算值可作为直接功率控制器的反馈信号。基于电网电压定向的直接功率控制框图如图 3.7 所示。其中 $i_a$、$i_b$、$i_c$ 为并网

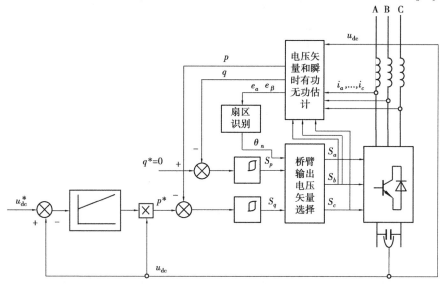

图 3.7　基于电网电压定向的直接功率控制框图

逆变器三相交流电流;$U_{dc}$ 为直流母线侧电压实际值,$u_{dc}^*$ 为直流母线电压给定值;$p$、$q$ 分别为逆变器瞬时有功、无功功率估算值;$p^*$、$q^*$ 分别为逆变器瞬时有功、无功功率给定值;$e_\alpha$、$e_\beta$ 分别为并网逆变器交流电压 $\alpha$、$\beta$ 轴分量实际值;$\theta_n$ 为空间矢量位置角。

②基于虚拟磁链定向的直接功率控制。VF-DPC 控制框图如图 3.8 所示,其中,$e_a$、$e_b$、$e_c$ 为并网逆变器三相交流电压;$i_a$、$i_b$、$i_c$ 为并网逆变器三相交流电流;$p$、$q$ 分别为逆变器瞬时有功、无功功率估算值;$p^*$、$q^*$ 分别为逆变器瞬时有功、无功功率给定值;$U_{dc}$ 为直流母线侧电压实际值,$u_{dc}^*$ 为直流母线电压给定值;$\gamma$ 为空间矢量位置角。

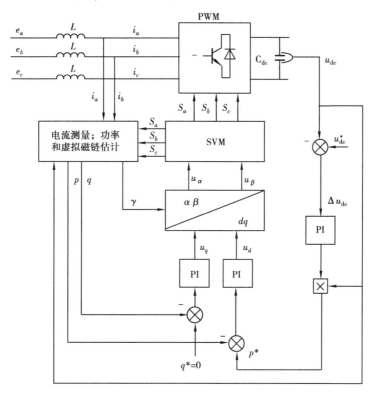

图 3.8　基于虚拟磁链定向的直接功率控制框图

将并网逆变器的交流侧等效成一个虚拟的交流电动机,VF-DPC 无须将功率变量换算成相应的电流变量来进行控制,而是将并网逆变器输出的瞬时有功和无功功率作为被控量进行功率闭环控制。通过对所测量的交流电流和直流侧电压进行虚拟磁链运算,计算出系统的有功功率 $p$ 和无功功率 $q$,对母线电压作 PI 运算求出有功功率给定值 $p^*$,无功指令 $q^*$ 给定值为 0 并进行 PI 运算,然后进行空间矢量调制,控制逆变器的开关管动作。

（3）MPPT 控制

光伏阵列工作在最大功率状态下的工作点,称为最大功率点。最大功率点的电压 $U_m$ 与电流 $I_m$ 的关系为

$$\frac{U_m}{I_m} = R_S + \frac{R_{sh}}{I_0 R_{sh} \exp[(U_m + I_m R_s)/(nU_{th})]/(nU_{th}) + 1} \tag{3.5}$$

最大功率跟踪就是由已知的 $U_m(I_m)$ 预测 $U_m(I_m + \Delta I_m)$,可以由以下数学公式表示。

自变量任意改变十多阶跟踪为

$$U_{\mathrm{m}}(I_{\mathrm{m}} + \Delta I_{\mathrm{m}}) = U_{\mathrm{m}}I_{\mathrm{m}} + \frac{\mathrm{d}U_{\mathrm{m}}(I_{\mathrm{m}})}{\mathrm{d}I_{\mathrm{m}}}\Delta I_{\mathrm{m}} + \frac{1}{2!}\frac{\mathrm{d}^2 U_{\mathrm{m}}(I_{\mathrm{m}})}{\mathrm{d}I_{\mathrm{m}}^2}(\Delta I_{\mathrm{m}})^2 + \cdots \tag{3.6}$$

自变量改变极小 + 一阶跟踪为

$$U_{\mathrm{m}}(I_{\mathrm{m}} + \Delta I_{\mathrm{m}}) = U_{\mathrm{m}}I_{\mathrm{m}} + \frac{\mathrm{d}U_{\mathrm{m}}(I_{\mathrm{m}})}{\mathrm{d}I_{\mathrm{m}}}\Delta I_{\mathrm{m}} \tag{3.7}$$

采用多阶跟踪,虽然能够由已知点任意预测另外一点,但需要确定最大功率方程式,即式(3.6)中负载电压对负载电流的无穷多阶导数。无穷多阶导数无法进行技术实践,多阶跟踪在数学原理上可行但不具备实践意义。选用一阶跟踪方式,只需要用到负载电压对负载电流的一阶导数,便于开展工程实践。应用较广的 MPPT 控制策略有扰动观察法和最优梯度法。

①扰动观察法。扰动观察法(Perturb and Observe,P&O)就是当光伏阵列正常工作时,不断地在工作电压上加入一个很小的扰动,在电压变化的同时检测功率的变化,根据功率的变化方向决定下一步电压改变的方向。若观测的功率增加,下一次扰动保持原来的扰动方向;若观测的功率减少,下一次扰动改变原来的扰动方向,如此循环,使光伏阵列工作在最大功率点处。

扰动观察法先扰动光伏阵列输出电压值,再对扰动后的光伏阵列输出功率进行观测,表达式为

$$\begin{cases} P: U_{\mathrm{dc}}(n) = U_{\mathrm{dc}}(n-1) + s|\Delta U_{\mathrm{dc}}| \\ O: \Delta P = P(n) - P(n-1) = I_{\mathrm{dc}}(n)U_{\mathrm{dc}}(n) - P(n-1) \end{cases} \tag{3.8}$$

式中:$U_{\mathrm{dc}}(n)$ 为当前阵列电压采样;$I_{\mathrm{dc}}(n)$ 为当前阵列电流采样;$s$ 为扰动方向;$|\Delta U_{\mathrm{dc}}|$ 为电压扰动步长;$U_{\mathrm{dc}}(n-1)$ 为前一次阵列电压采样;$P(n)$ 为当前计算功率;$P(n-1)$ 为前一次计算功率;$\Delta P$ 为功率之差。

与扰动之前功率值相比,若扰动后的功率值增加,则扰动方向 $s$ 不变;若扰动后的功率值减小,则改变扰动方向 $s$。

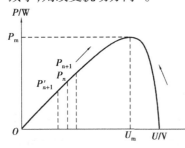

图 3.9 扰动观察法搜索过程

扰动观察法搜索过程如图 3.9 所示。假设光伏阵列开始工作在 $P_n$ 点,设置一个扰动量 $\Delta U$,控制器通过检测前后两次功率值并进行比较,如果 $P_{n+1} > P_n$,即输出功率增加,则可以确定扰动方向正确,按原来方向继续扰动,直到最大功率点 $P_{\mathrm{m}}$ 附近;如果 $P_{n+1} < P_n$,即输出功率减小,系统工作于 $P'_{n+1}$ 处,则可以确定扰动方向错误,需要按照相反方向进行扰动。无论系统工作在 $P_{\mathrm{m}}$ 左侧还是右侧,通过扰动调节,系统最终会工作在最大功率点 $P_{\mathrm{m}}$ 附近。扰动量的存在使系统最终会在 $P_{\mathrm{m}}$ 附近振荡,系统跟踪效果的好坏与扰动量的大小密切相关。

②最优梯度法。最优梯度法选取目标函数的正梯度方向作为每步迭代的搜索方向,逐步逼近函数的最大值,保留了扰动观察法的优点,同时由一个类似动态的变化量来改变在光伏输出功率曲线上电压的收敛速度。

利用最优梯度法进行最大功率点跟踪控制过程如图 3.10 所示,$U_{k-1}$、$U_k$、$U_{k+1}$ 分别代表 $k-1$ 时刻、$k$ 时刻、$k+1$ 时刻的参考电压值。图 3.10(a)中,当工作点位于最大功率点左侧且远离峰值点时,电压以较大的幅度迭代增加($U_{k-1} \to U_k$),当工作点位于最大功率点附近时,此时曲线斜率较小,提供较小的变化量($U_k \to U_{k+1}$)。图 3.10(b)中,当工作点位于最大功率点右侧并远离峰值点时,电压以较大的幅度迭代减少($U_{k-1} \to U_k$),当工作点接近最大功率点时,提

供较小的变化量($U_k \rightarrow U_{k+1}$)。最优梯度法可以改善传统扰动观察法在最大功率输出点附近振荡的缺点,同时有较好的动态响应速率。

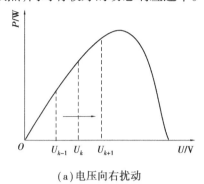

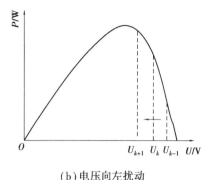

(a)电压向右扰动　　　　　　　　　(b)电压向左扰动

图 3.10　利用最优梯度法进行最大功率点跟踪控制过程

通过采集光伏阵列的直流电压 $U$ 和直流电流 $I$,计算当前光伏阵列的输出功率 $P$,然后分别计算 $P$、$U$ 对时间 $t$ 的微分值 $\mathrm{d}P/\mathrm{d}t$,$\mathrm{d}U/\mathrm{d}t$,得到

$$\frac{\mathrm{d}P}{\mathrm{d}U} = \frac{\mathrm{d}P/\mathrm{d}t}{\mathrm{d}U/\mathrm{d}t} \tag{3.9}$$

当 $\mathrm{d}P/\mathrm{d}U > 0$ 时,工作点处于最大功率点的左侧,当 $\mathrm{d}P/\mathrm{d}U < 0$ 时,工作点处于最大功率点的右侧,并且 $\mathrm{d}P/\mathrm{d}U$ 的绝对值越大,则表示其距离最大功率点越远;当 $\mathrm{d}P/\mathrm{d}U \approx 0$ 时,工作点处于最大功率点附近。

# 3.2　风力发电

## 3.2.1　风力发电原理

### (1)风力发电

风力发电是利用风力带动风车叶片旋转,再通过增速机将旋转的速度提升,进而带动发电机发电。风电机组主要由风轮、机舱、塔架以及整体的基础底座组合而成。风力机按风轮主轴的方向分为水平轴、垂直轴两大类。对水平轴风力机,需要风轮保持迎风状态,根据风轮是在塔架前还是在塔架后迎风旋转分为上风向和下风向两类。目前应用较多的是上风向、水平轴式、三叶片风力机。

### (2)拓扑结构

风力机按照风电机组的类型划分,可分为同步发电机和异步发电机;按照风力机驱动发电机的方式划分,可分为直驱式和使用增速齿轮箱驱动式;按照风电机组转速划分,可分为恒频恒速和恒频变速两种方式。

①恒频恒速风力发电系统。在恒频恒速风力发电系统中,发电机直接与电网相连,风速变化时,采用失速控制方法控制风力机的桨叶维持发电机转速恒定。这种风力发电系统一般以异步发电机直接并网的形式为主,鼠笼型异步发电机恒速恒频风力发电系统如图 3.11 所示。

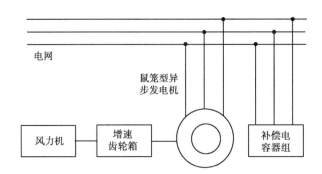

图 3.11　鼠笼型异步发电机恒速恒频风力发电系统

②恒频变速风力发电系统。在恒频变速风力发电系统中,较为常见的是双馈风力发电系统和永磁同步直驱风力发电系统。

双馈风力发电系统如图 3.12 所示。这种风力发电系统的控制方式为变桨控制,可以使风电机组在较大范围内按最佳参数运行。双馈电机的定子与电网直接相连,转子通过变频器连接到电网中,变频器可以改变发电机转子输入电流的频率,进而可以保证发电机定子输出与电网频率同步,实现变速恒频控制。

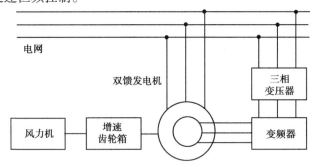

图 3.12　双馈风力发电系统

双馈风力发电系统控制方式较恒频恒速风力发电系统相对复杂,但性能上具有较大的优势。转子侧通过变频器并网,可对有功和无功进行控制,不需要无功补偿装置。采用双馈发电方式,可以使原动机转速不受发电机输出频率限制,同时发电机输出电压和电流的频率、幅值和相位不受转子速度和瞬时位置的影响。

永磁同步直驱式风力发电系统并网结构如图 3.13 所示,可采用的并网方式有:①不可控整流器 + PWM 逆变器;②不可控整流器 + 升压斩波电路 + PWM 逆变器;③相控整流器 + 逆变器;④双 PWM 变流器。具体的并网特点有以下 4 个方面:

①采用不可控整流器 + PWM 逆变器的并网方式时,如图 3.13(a)所示。这种方式采用二极管整流,结构简单,但存在风电机组能量无法回馈电网的问题。

②当采用不可控整流器 + 升压斩波电路 + PWM 逆变器时,为解决低风速时的运行问题,实际中往往采用不可控整流器 + 升压斩波电路 + PWM 逆变器方式,如图 3.13(b)所示,即在直流侧加入一个 Boost 升压电路。该电路结构具有的优点是通过 Boost 变换器实现输入侧功率因数校正,提高发电机的运行效率,保持直流侧电压的稳定。但这种结构受限于能量单向性问题,无法直接对发电机实施有效控制。

③采用相控整流器 + 逆变器方式时,如图 3.13(c)所示。其中,电机侧采用晶闸管可控整

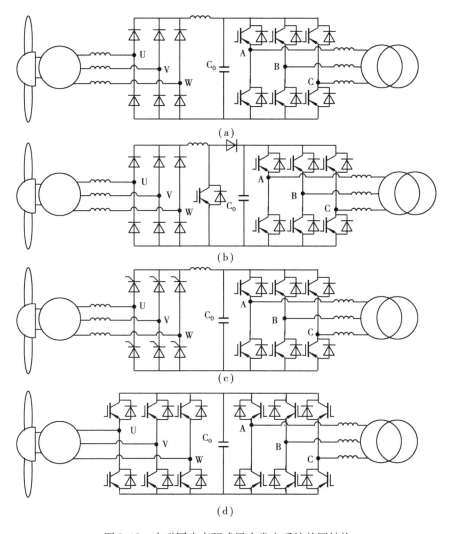

图 3.13　永磁同步直驱式风力发电系统并网结构

(a)不可控整流器 + PWM 逆变器;(b)不可控整流器 + 升压斩波电路 + PWM 逆变器;

(c)相控整流器 + 逆变器;(d)双 PWM 变流器

流技术。控制晶闸管的导通时间,一定程度上解决了直流母线电压泵升过高的问题。但是此类相控整流同样无法实现能量的双向流动,并且会带来电机定子电流谐波增大的问题。

④采用双 PWM 变流器方式时,如图 3.13(d)所示。通过两个全功率 PWM 变流器与电网相连,与二极管整流相比,这种控制方式可以控制有功功率和无功功率,调节发电机功率因数为 1。特别是在双 PWM 结构的变流器中,能量可以实现双向流动,极大地提高了系统整体性能。

### 3.2.2　控制策略

双馈异步风电机组因其励磁变频器容量小、造价低、可实现变速恒频运行等优势成为风电机组的主流机型。本节以变速恒频风电机组为例,研究其控制策略。根据风况的不同,交流励磁变速恒频风电机组的运行可以划分为 3 个区域,如图 3.14 所示。3 个运行区域的控制手段和控制任务各不相同。

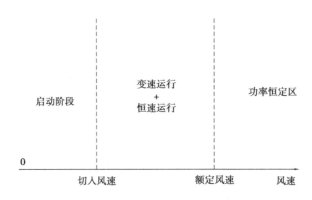

图 3.14　与风况对应的变速恒频风力发电机运行区域

①第一个运行区域为启动阶段,此时风速从零上升到切入风速。在切入风速以下时,发电机与电网相脱离,风力发电机不能发电运行,直到当风速大于或等于切入风速时,发电机可并入电网。这个区域主要是实现发电机的并网控制,在进行并网控制时,风力机控制子系统的任务是通过变桨距系统改变叶节距来调节机组的转速,使其保持恒定或在一个允许的范围内变化。发电机控制子系统的任务是调节发电机定子电压,使其满足并网条件,并在适当的时候进行并网操作。

②第二个运行区域为风力发电机并入电网并运行在额定风速以下的区域。此时风力发电机获得能量转换成电能输送到电网。根据机组转速,这一阶段又可分为两个区域:变速运行区和恒速运行区。当机组转速小于最大允许转速时,风电机组运行在变速运行区。为最大限度地获取能量,在这个区域实行最大风能追踪控制,机组转速随风速变化相应进行调节。在风能利用系数恒定区追踪最大风能时,风力机控制子系统进行定桨距控制,发电机控制子系统通过控制发电机的输出功率来控制机组的转速,实现变速恒频运行。

③第三个运行区域为功率恒定区。随着风速和功率不断增大,发电机和变换器将达到其功率限额,必须控制机组的功率小于其功率限额。当风速增加时,机组转速降低,风能利用系数迅速降低,从而保持功率不变。在功率恒定区内实行功率控制是由风力机控制子系统通过变桨距控制实现的。低于额定风速时,实行最大风能追踪控制或转速控制,以获得最大的能量或控制机组转速;高于额定风速时,实行功率控制,保持输出稳定。

双馈风力发电系统采用背靠背式双 PWM 变流器,网侧变流器通常以保证直流环节电压稳定和网侧单位功率因数为控制目标。变频器的两个 PWM 变换器的主电路结构完全相同,在转子不同的能量流向状态下,交替实现整流和逆变的功能,在分析中只需要区分为电网侧变换器和转子侧变换器。电网侧变换器矢量控制框图如图 3.15 所示。其中,$U_{abc}$ 表示并网逆变器三相交流电压;$i_{abc}$ 表示并网逆变器三相交流电流;$u_d$ 表示网侧电压在 $d$ 轴分量的参考实际值;$u_{\alpha}^*$、$u_{\beta}^*$ 分别为逆变器输出电压 $\alpha$、$\beta$ 轴分量的参考值;$i_d$、$i_q$ 分别为并网逆变器交流电流 $d$、$q$ 轴分量实际值;$i_d^*$、$i_q^*$ 分别为并网逆变器交流 $d$、$q$ 轴分量参考值;$U_{d1}$、$u_{q1}$ 分别为经 PI 运算后 $d$、$q$ 轴电压调节量;$u_d^*$、$u_q^*$ 分别为逆变器输出电压 $d$、$q$ 轴分量的参考值;$u_{ey}$ 为电网电压经 3/2 变换后分量的参考值;$\theta_e$ 为电网电压位置角度;$u_{dc}$ 为直流母线侧电压实际值,为直流母线电压给定值;$L$ 为交流侧耦合电感。

图 3.15 中采用了同步旋转坐标系结构,其中,电压外环用于控制变换器的输出电压,电流内环实现网侧单位功率因数正弦波电流控制。同步旋转坐标变换将三相对称的交流量变换成

同步旋转坐标系中的直流量,电流内环采用 PI 调节器即可取得无静差调节。直流母线电压给定值 $u_{dc}^*$ 与实际值 $U_{dc}$ 之间差值在 PI 调节器作用下,所得电流 $i_d^*$ 与计算所得电流实际值 $i_d$ 之间差值经 PI 调节器作用后,为逆变器输出电压提供参考分量 $U_{d1}$。无功电流的运算与上面相似,最终得出输出电压参考分量 $u_{q1}$。同时,根据逆变器出口滤波电感参数 $L$,计算 $d$、$q$ 轴电压耦合分量 $\omega_e L i_d$、$\omega_e L i_q$,通过叠加,得到逆变器输出电压参考值 $u_d^*$、$u_q^*$,再经过坐标变换,将其转化为三相 $a$、$b$、$c$ 坐标分量,对变换器进行控制。

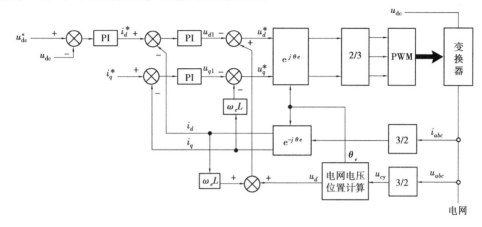

图 3.15　电网侧变换器矢量控制框图

## 3.3　微燃气轮机发电

微燃气轮机(简称"微燃机")是组成微燃气轮机发电系统的核心部件。微燃机机组有单轴和双轴两种模式。其中,单轴模式是指由一根轴使用透平同时驱动压气机和发电机,运动部件只有一根主轴,其结构具有简单紧凑、故障率低、维护量小等优点,并且采用了比较先进的空气轴承技术,大大提高了微燃机的工作效率和使用寿命;双轴模式是指燃气涡轮与动力涡轮采用不同的转轴,转速较低的动力涡轮通过变速齿轮与传统发电机相连,发电机可直接并网而不需要额外增加变流装置。目前在微燃气轮机发电系统中大多使用单轴模式的微燃机。

### 3.3.1　微燃气轮机发电原理

通常,燃气轮机循环为简单的布雷顿(Brayton)循环。为了提高微型燃气轮机的热效率,现在生产的多数微型燃气轮机在排气系统设置回热器,吸入空气在回热器中被燃气轮机的高温排气加热,以此来改善热效率。Brayton 循环是微燃机的理想循环,压气机、透平中存在的不可逆因素及气流通道中存在的压损,它的实际循环和理想循环有很大差别。

微燃机工作原理示意如图 3.16 所示,周围环境空气进入压气机,经过轴流式压气机,将空气压缩到较高压力,空气的温度随之上升。经压缩的高压空气被送入燃烧室,与喷入燃烧室的燃料进行混合并燃烧,产生高温高压的烟气。高温高压烟气导入燃气透平膨胀做功,推动透平转动,并带动压气机及发电机高速旋转,实现了气体燃料的化学能转化为机械能和电能。在简单循环中,透平发出的机械能有 2/3 ~ 1/2 用来带动压气机。在燃气轮机启动的时候,首先需

31

要外界动力,一般是启动机带动压气机,直到燃气透平发出的机械功大于压气机消耗的机械功,外界启动机脱扣,燃气轮机才能独立工作。

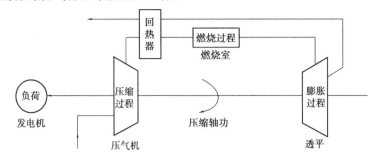

图 3.16 微燃机工作原理示意图

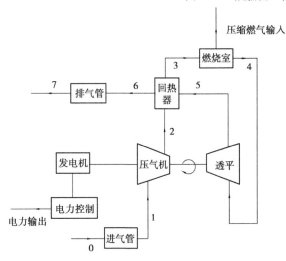

图 3.17 微燃机工作过程示意图

微燃机工作过程示意如图 3.17 所示,外界空气(温度为 $T_0$,压力为 $P_0$)经过空气过滤器过滤后进入进气管,这段管道承担冷却发电机的作用,空气吸收发电机在发电过程中产生热量,此时空气温度可以升高至 $T_1$,压力降至 $P_1$。升温后的空气进入压气机被压缩到压力为 $P_2$,此时温度升至 $T_2$,压缩之后的空气再进入回热器,与来自透平的高温烟气进行热量交换,对空气进行进入燃烧室前的预热,这个过程可以减少燃料消耗,提高系统的热效率,此时空气温度升至 $T_3$。由于流动阻力,压力会略有下降,经预热后的空气进入燃烧室与燃料混合燃烧,产生高温高压的烟气(温度为 $T_4$,压力为 $P_4$),高温高压烟气进入透平室,在透平内膨胀做功同时带动压气机和发电机一起转动,将气体燃料的化学能转化为机械能,并输出电能。烟气压力下降至 $P_5$,温度降低至 $T_5$ 之后,离开透平进入回热器,释放部分余热用于预热来自压气机的空气,温度降低到 $T_6$,压力减小到 $P_6$,最后烟气排入外界环境,整个热力循环过程完成。

### 3.3.2 控制策略

为保证机组的运行安全,微燃机在转速控制过程中,工程上需要对透平排气温度以及转子加速度加以限制,最终归结为对进入燃烧室燃料的最佳控制。将限制回路的燃料控制与转速控制经信号最小选择器处理,调节燃料输出基准来对燃机转速进行控制。微燃机一般没有专门的启动机,而是由与燃机转子同轴的高速发电机兼作启动机。微燃机启动时先由蓄电池供电,经电力变换系统的变频软启动电路给发电机供电,这时发电机用作电动机驱动燃机转子系统升速到点火转速,点火成功后进入双机拖动状态;当透平输出功率能够满足压气机的功耗时,变频软启动电路配置为整流模式,发电机进入发电运行状态。达到空载转速时,电力变换系统的逆变输出电路开始工作,对外输出电能,启动过程结束。此后根据负载变化情况,控制燃机变转速、变工况运行,以利于提高燃机效率。在微燃机的启动过程中,一般采用开环控制,这是一个受环境温度、大气压力等外界条件影响的动态过程。

微燃机经典控制策略中仅利用输出速度进行反馈控制,会影响系统响应速度和控制精度,更好的策略是采用状态反馈控制。微燃机状态反馈控制框图如图 3.18 所示,微燃机的输入量是燃料流量,输出量是转速和输出功率,燃料流量由 3 个状态变量即 $T_m^*$、$P_3^*$ 和 $n$ 决定,状态反馈控制由状态反馈部分和输入部分构成。

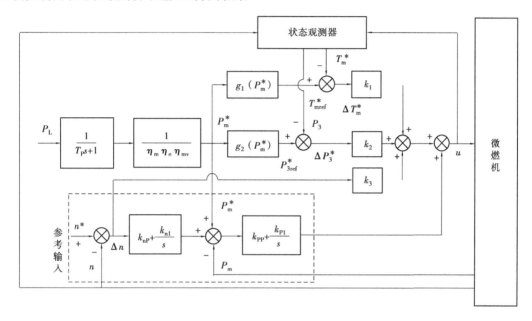

图 3.18　微燃机状态反馈控制框图

系统的负载功率经时间常数为 $T_P$ 的低通滤波器滤波后,考虑系统效率求出微燃机期望输出功率。利用期望输出功率计算状态变量的参考值,包括回热器金属壁面平均温度和透平进气压强。通过状态观测器求得状态变量的反馈值,状态观测器的输入量是转速和燃料流量。状态变量的参考值和反馈值作差乘以相应的状态反馈增益,相加得到状态反馈部分的燃料流量。通过极点配置方法对状态反馈部分闭环系统的稳定性进行设计,参考输入部分由转速外环和输出功率内环构成。转速外环用于消除误差,输出功率内环可实现瞬时功率的平稳控制。

# 3.4　燃料电池

## 3.4.1　燃料电池发电原理

燃料电池是将化学反应中产生的化学能直接转化为电能的电化学装置。燃料电池由电子导电的阴极和阳极及离子导电的电解质构成。在电极与电解质的界面上电荷载体由电子变为离子,在阳极(燃料电池的负极)进行氧化反应,燃料扩散通过阳极时失去电子而产生电流。在阴极(燃料电池的正极)进行还原反应。当外部不断地输送燃料和氧化剂时,燃料氧化所释放的能量转化为电能和热能。燃料电池基本原理如图 3.19 所示。

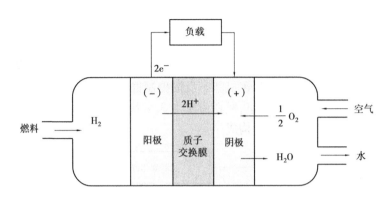

图 3.19　燃料电池基本原理图

不同类型的燃料电池电极反应各有不同,但均由阴极、阳极、电解质 3 个部分构成。除采用氢气作为燃料外,燃料电池还可以用天然气、甲醇、汽油等其他碳氢化合物作燃料。由于电解质的不同,燃料电池有多种不同的类型。按电解质不同可分为 5 种类型:①质子交换膜燃料电池(Proton Exchange Membrane Fuel Cell,PEMFC);②碱性燃料电池(Alkaline Fuel Cell,AFC);③磷酸燃料电池(Phosphoric Acid Fuel Cell,PAFC);④熔盐燃料电池(Molten Carbonate Fuel Cell,MCFC);⑤固体氧化物燃料电池(Solid Oxide Fuel Cell,SOFC)。

电池单元输出电流大小由电流密度和面积决定。通过多个单元的串并联。构成燃料电池电堆,得到满足负载需求的电压和电流。燃料电池系统除了电堆外,还必须配备燃料与空气处理、温度和压力的调节、水与热的管理以及功率变换等多个处理子系统。燃料电池发电系统工作时还需要配套系统,包括燃料存储供给系统、排热排水系统以及安全系统等。

燃料电池的输出电压范围很宽,且远低于用户端所需的 220 V 交流电压峰值,燃料电池发电系统一般采用 DC/DC + DC/AC 两级拓扑结构。燃料电池的动态响应具有一定的延时,负载快速的变化会对燃料电池造成损害,进而影响燃料电池的性能和工作寿命。燃料电池发电系统需要配置一个辅助的能量缓冲单元(超级电容),实现燃料电池动态特性与负载匹配。

### 3.4.2　控制策略

在中小功率燃料电池方面,PEMFC 占主导地位,超过 90% 的商业应用为 PEMFC。PEMFC 并网发电系统原理如图 3.20 所示,它主要包括燃料电池、直流变换器、逆变器和能量缓冲环节。直流变换器为高频 PWM 控制的隔离或不隔离 DC/DC 变换环节,具有较高的变换效率和动态响应能力。燃料电池输出功率的变化受到燃料供应、水处理等因素的制约,调节速度较慢。为此在燃料电池的输出端并联能量缓冲环节,如蓄电池、超级电容等,以满足负载突变时逆变器对直流功率的快速变化的要求,并通过此能量缓冲环节抑制燃料电池输出电流的纹波。通过直流变换环节和能量缓冲环节实现了逆变器输出功率和燃料电池输出功率之间的解耦,使得燃料电池只承担逆变器输出有功功率中平均值部分,而逆变器直流输入端可视为稳定的直流电源。

燃料电池的控制主要分为两个方面:燃料电池本体控制和变换器控制。

燃料电池本体控制策略为:燃料电池低温冷启动及常温启动状态下,控制内循环回路中的加热器及循环水泵的工作状态,使内循环回路温度快速升高并与燃料电池充分热交换,使燃料电池电堆温度快速达到设定温度;燃料电池处于正常工作状态时,控制内循环回路中的循环水泵及外循环回路中的流量控制器,控制两个回路间通过板式换热器进行热交换,带走燃料电池产生的热量,使燃料电池电堆温度工作在设定温度状态;对外循环流量控制器的控制,流量控制器的控制电流与外循环流量之间是非线性关系,内循环和外循环之间的热交换与外循环流量也是非线性关系,采用传统的 PID 控制难以达到控制要求,可采用模糊 PID 控制算法。对内循环中循环水泵的控制,内循环回路中燃料电池和板式换热器都是非线性系统,同样采用模糊 PID 控制算法。在燃料电池达到设定温度后,整个系统的散热主要依靠外循环进行,使燃料电池能够保持在设定温度,而内循环回路的主要作用是与电堆充分热交换,保持燃料电池的进堆水温度和出堆水温度在一定差值范围之内,从而确保燃料电池产生的热量能够及时散出,并使得内循环回路的温度尽量均衡分布,外循环流量控制器和循环水泵控制器输入量应该有所差别。在正常工作中散热主要依赖外循环,对内循环中循环水泵的控制目标是使电堆与内循环进行充分的热交换。

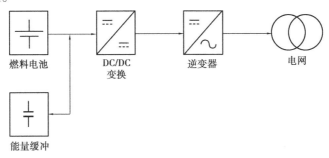

图 3.20　PEMFC 并网发电系统原理图

# 3.5　分布式储能

### 3.5.1　储能工作原理

风力发电和光伏发电是分布式发电中的主流电源,其间歇性和随机性波动较大时会对配电网造成严重影响。储能技术能够实现分布式发电功率平滑输出,微电网中比较成熟的储能技术可分为化学类储能和物理类储能两大类。化学类储能主要包括电池类储能;物理类储能包括飞轮储能、抽水蓄能、压缩空气储能等。本书阐述适用于微电网应用的电池类储能,包括铅酸电池和铁锂电池。储能装置主要由电池类储能和并网变流器两部分构成。

**(1)电池类储能**

①铅酸电池原理。铅酸电池主要由正极板、负极板、电解液、隔板、槽和盖等组成。正极活性物质是二氧化铅,负极活性物质是海绵状金属铅,电解液是硫酸,开路电压为 2 V。正、负两极活性物质在电池放电后都转化为硫酸铅,发生的电化学反应如下:

负极反应

$$Pb + HSO_4^- - 2e \longleftrightarrow PbSO_4 + H^+ \tag{3.10}$$

正极反应

$$PbO_2 + 3H^+ + HSO_4^- + 2e \longleftrightarrow PbSO_4 + 2H_2O \tag{3.11}$$

电池总反应

$$PbO_2 + Pb + 2H^+ + 2HSO_4^- \longleftrightarrow PbSO_4 + 2H_2O \tag{3.12}$$

在电池充电过程中,当正极板的荷电状态达到 70% 左右时,水开始分解

$$2H_2O \longrightarrow O_2 + 4H^+ + 4e \tag{3.13}$$

根据电池结构和工作原理,铅酸电池分为普通非密封富液铅蓄电池和阀控密封铅蓄电池。阀控密封铅蓄电池的充放电电极反应机理和普通铅酸电池相同,但采用了氧复合技术和贫液技术,电池结构和工作原理发生了很大改变。采用氧复合技术,充电过程产生的氢和氧再化合成水返回电解液中;采用贫液技术,确保氧能快速、大量地移动到负极发生还原反应,提高可充电电流。

②锂离子电池原理。锂离子电池采用了一种锂离子嵌入和脱嵌的金属氧化物或硫化物作为正极,有机溶剂-无机盐体系作为电解质,碳材料作为负极。充电时,Li⁺ 从正极脱出嵌入负极晶格,正极处于贫锂态;放电时,Li⁺ 从负极脱出并插入正极,正极为富锂态。为保持电荷的平衡,充、放电过程中应有相同数量的电子经外电路传递,与 Li⁺ 同时在正负极间迁移,使负极发生氧化还原反应,保持一定的电位,锂离子电池的工作原理如图 3.21 所示。根据正极材料划分,锂离子电池分为钴酸锂、镍酸锂、锰酸锂、磷酸铁锂等。

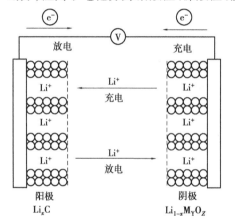

图 3.21　锂离子电池的工作原理

**(2)并网变流器**

①DC/AC 变流器原理。储能变流器(Power Conversion System,PCS)是能量可双向流动的可逆 PWM 变流器。电能是双向传输的,当变流器从电网吸取电能时,其运行于整流工作状态;当变流器向电网传输电能时,其运行于有源逆变工作状态。双向 DC/AC 变流器实际上是一个交、直流侧可控的四象限运行的变流装置。如图 3.22 所示为 DC/AC 变流器单相等值电路模型。从图 3.22 可知,变流器模型电路由交流回路、功率开关桥路以及直流回路组成。其中,交流回路包括交流电动势 e 以及网侧电感 L 等;直流回路为储能电池 $E_s$;功率开关桥路可由电压型或电流型桥路组成。当不计功率桥路损耗时,由交、直流侧功率平衡关系得

$$iu = i_{dc}u_{dc} \tag{3.14}$$

式中:$u$、$i$ 为模型电路交流侧电压、电流;$u_{dc}$、$i_{dc}$ 为模型电路直流侧电压、电流。

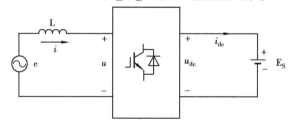

图 3.22　DC/AC 变流器单相等值电路模型

通常采用双闭环 PI 调节实现上述变流器控制。外环根据控制目标采用恒功率或恒压控制,内环采用交流输入电流控制。外环的作用是保证控制目标的稳定性,电流内环的作用是用

于提高系统的动态性能和实现限流保护。外环调节的输出即为内环输入电流的参考值,比较得到电流误差后,对电流误差进行 PI 调节,用以减缓电流在动态过程中的突变。得到调节后的 $dq$ 坐标系下的两相电压,再通过反变换公式,变换到 $abc$ 坐标系或 $\alpha\beta$ 坐标系下,采用合适的 PWM 调制技术,即可生成相应 6 路驱动脉冲控制三相整流桥 IGBT 的通断。

②DC/DC 变换器原理。将一个不受控的输入直流电压变换成为另一个受控的输出直流电压称为 DC/DC 变换。所谓双向 DC/DC 变换器就是 DC/DC 变换器的双象限运行,它的输入、输出电压极性不变,但输入、输出电流的方向可以改变,在功能上相当于两个单向 DC/DC 变换器。变换器的输出状态可在 V-I 平面的一、二象限内变化。变换器的输入、输出端口调换仍可完成电压变换功能,功率不仅能从输入端流向输出端,还能从输出端流向输入端。

储能装置要求能量具备双向流动,所用的 DC/DC 变换器要具备升降压双向变换功能,即升降压斩波电路。储能系统 Boost/Buck 双向 DC/DC 变换器等效电路如图 3.23 所示。图中,L 为斩波电感,$C_1$ 为直流母线电容,$C_2$ 为滤波电容,$S_1$、$S_2$ 为储能系统的升降压斩波 IGBT,$VD_1$、$VD_2$ 为续流二极管。假设电路中电感 L 值很大,电容 $C_1$ 也很大。

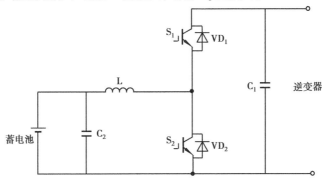

图 3.23　储能系统 Boost/Buck 双向 DC/DC 变换器等效电路

Boost/Buck 控制系统是一个双闭环的控制系统,其中,外环是电压控制环,采样得到的输出电压与电压给定值相减,根据电压误差信号进行电压环 PI 运算,输出得到电感电流的给定信号;内环是电流控制环,采样得到的电感电流与给定值相减,根据电流误差信号进行电流环 PI 运算,输出得到开关元件的占空比信号,并输出给变换器主回路的 IGBT 开关元件。

### 3.5.2　控制策略

储能电池通过并网变流器接入微电网,其作用是实现并网条件下储能功率控制和离网条件下系统电压与频率支撑。实现储能在微电网中的作用主要依靠对并网变流器的有效控制,储能系统的两种关键设备为 PCS 和 DC/DC 变流器。

**(1) PCS 控制策略**

①PQ 控制。DC/AC 变流器 PQ 控制的目的是使储能系统输出的有功功率和无功功率维持在其参考值附近。微电网并网运行时,储能系统直接采用电网频率和电压作为支撑,根据上级控制器发出的有功和无功参考值指令,储能变流器按照 PQ 控制策略实现有功、无功功率控制,其有功功率控制器和无功功率控制器可以分别调整有功和无功功率输出,按照给定参考值输出有功和无功功率,以使储能系统的输出功率维持恒定。PQ 控制如图 3.24 所示。

图 3.24 中,$P_{\text{ref}}$、$Q_{\text{ref}}$ 分别为功率给定参考值;$P$、$Q$ 分别为功率实测值;$i_{d\text{ref}}$、$i_{q\text{ref}}$ 分别为交流

侧电流 $d$、$q$ 轴分量的参考值;$i_d$、$i_q$ 分别为交流侧电流 $d$、$q$ 轴分量的实际值;$u_d$、$u_q$ 分别为逆变器输出电压 $d$、$q$ 轴分量的实际值;$u_{d1}$、$u_{q1}$ 分别为逆变器输出电压 $d$、$q$ 轴分量的参考值;$L$ 为交流侧耦合电感;$\theta$ 为电压初始相位角。

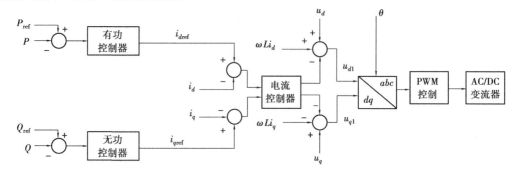

图 3.24　DC/AC 的 PQ 控制框图

要实现上述控制,首先要进行有功和无功的解耦,利用坐标变换公式,将 DC/AC 变流器输出的三相 $abc$ 坐标系中的电压电流分量变换到同步旋转 $d_q$ 坐标系中的分量,并使 $q$ 轴电压分量 $u_q = 0$,则逆变器输出功率可以表示为

$$\begin{cases} P = u_d i_d + u_q i_q = u_d i_d \\ Q = u_d i_q - u_q i_d = u_d i_q \end{cases} \tag{3.15}$$

功率给定参考值 $P_{\text{ref}}$、$Q_{\text{ref}}$ 与实际测量值 $P$、$Q$ 之间的差值在 PI 调节器作用下,为逆变器输出电流提供参考值 $i_{\text{dref}}$、$i_{\text{qref}}$。输出电流参考值和电流实际值 $i_d$、$i_q$ 的差值在 PI 调节器作用下,为逆变器输出电压提供参考分量。同时,根据逆变器出口滤波电感参数 $L$,计算 $d$、$q$ 轴电压耦合分量 $\omega L i_d$、$\omega L i_q$,通过叠加,得到逆变器输出电压参考值 $u_{d1}$、$u_{q1}$,再经过坐标变换,将其转化为三相 $abc$ 坐标分量,对逆变器进行控制。

②Vf 控制。DC/AC 变流器 Vf 控制的目的是对离网条件下系统电压和频率进行支撑,采用电压电流双闭环控制方式。电压电流双闭环控制以变换器输出电压为外环控制量,滤波电感电流为内环控制量,电压电流双闭环控制框图如图 3.25 所示。

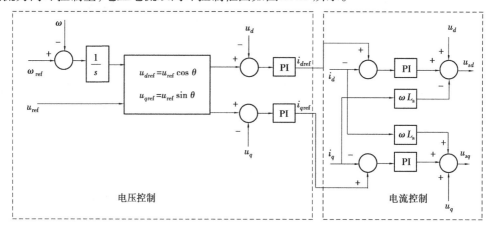

图 3.25　电压电流双闭环控制框图

此控制策略,在电压外环闭环的基础上,增加了电流内环,同时实现了对输出电压有效值和输出电流波形的控制。电压外环控制为交流侧提供电压支撑,电感电流内环控制能够快速

跟踪负荷变化,提高动态响应速度。

图 3.25 中,$u_{ref}$ 为给定电压参考值;$u_{dref}$、$u_{qref}$ 分别为电压参考值的 $d$、$q$ 分量;$i_{dref}$、$i_{qref}$ 分别为交流侧电流 $d$、$q$ 轴分量的参考值;$i_d$、$i_q$ 分别为交流侧电流 $d$、$q$ 轴分量的实际值;$u_d$、$u_q$ 分别为逆变器输出电压 $d$、$q$ 轴分量的实际值;$u_{sd}$、$u_{sq}$ 分别为逆变器输出电压 $d$、$q$ 轴分量的参考值;$L_s$ 为交流侧耦合电感;$f$ 为给定频率指令;$\omega$ 为电气角速度;$\omega_{ref}$ 为电气角速度给定值;$\theta$ 为电压相位角。

③电能质量优化控制。采用 PID 控制对跟踪误差能够立即产生调节作用,响应速度较快,但跟踪精度不高,波形畸变较严重。重复控制具有对正弦给定信号近乎无静差跟踪优势,输出畸变较低,但重复控制指令需滞后一个周期才输出,存在动态响应速度慢的问题。采用基于 PID 控制和重复控制的复合控制策略,能够保障离网下储能系统具有较快的动态响应速度,以及非线性负荷接入时较好地输出电能质量。

基于 PID 控制和重复控制相结合的复合控制框图如图 3.26 所示。

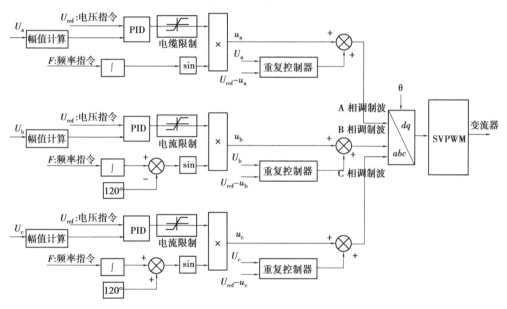

图 3.26　储能变流器重复 PID 复合控制框图

图 3.26 中,$U_a$、$U_b$、$U_c$ 分别为微电网三相交流电压;$U_{ref}$ 为三相交流电压给定幅值;$F$ 为微电网频率给定值;$U_{ref-u_a}$、$u_{ref-u_b}$、$U_{ref-u_c}$ 分别为三相交流电压给定正弦量。离网下储能变流器采用三相电压独立控制的方式,重复控制器并联于控制系统的前向通道中,共同对系统的输出电压产生影响。在系统稳态时,系统的跟踪误差小,主要由重复控制器进行调节;当系统出现较大扰动作用时,有一个参考周期的延时,重复控制器输出未发生变化,但 PID 控制器会快速产生调节作用,一个周期后,重复控制器产生调节作用会使跟踪误差减小。这样可以保证在满足重复控制稳态性能的情况下,提高系统的动态指标。

（2）DC/DC 下垂控制

下垂控制是通过控制调节各个分布式电源自身的等效输出阻抗(即外特性曲线斜率)进行输出功率的调节。

假设 DG1、DG2 为直流汇集系统内两储能单元,输出电压与输出电流的关系为

$$U_{\text{dc-ref1}} = U_{\text{dc}}^* - k_1 I_{\text{dc1}} \qquad (3.16)$$

$$U_{\text{dc-ref2}} = U_{\text{dc}}^* - k_2 I_{\text{dc2}} \qquad (3.17)$$

式中：$U_{\text{dc-ref1}}$、$U_{\text{dc-ref2}}$ 为 DG1、DG2 输出电压；$U_{\text{dc}}^*$ 为给定电压；$k_1$、$k_2$ 为 DG1、DG2 下垂系数；$I_{\text{dc1}}$、$I_{\text{dc2}}$ 为 DG1、DG2 输出电流。

当 $k_1 \neq k_2$ 时，其下垂特性曲线如图 3.27 所示。假设 DG1 运行于 $P_1$ 点时 DG2 投入运行，DG1 沿曲线 $M_1$ 运行，随着电流减小输出电压给定增大。DG2 沿曲线 $M_2$ 运行，随着电流增大输出电压降低。当两台 DG1、DG2 输出电压给定相同后系统稳定，其各自电流大小与斜率成反比。

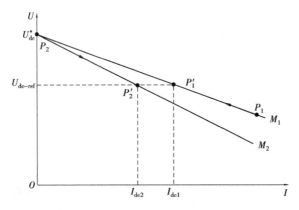

图 3.27　下垂特性曲线

由式(3.16)、式(3.17)和图 3.27 可知，稳态时并联的储能单元输出电压给定相同，可以得到

$$k_1 I_{\text{dc1}} = k_2 I_{\text{dc2}} \qquad (3.18)$$

$$k_1 P_1 = k_2 P_2 \qquad (3.19)$$

式中：$P_1$、$P_2$ 为两种类型储能单元的输出功率。

对于多系统并联来说则有

$$k_1 P_1 = k_2 P_2 = \cdots = k_n P_n \qquad n \geq 2 \qquad (3.20)$$

由式(3.20)可知，通过调节下垂控制系数可调节直流母线侧各个分布式储能的输出功率。

直流母线电压的高低是功率波动以及潮流流向的直接反应，可以根据母线电压的高低对接入其中的各储能单元下垂系数进行调整达到稳定直流母线电压的目的。为了方便下垂控制将直流母线电压分为 7 个区域，各个工作阶段如图 3.28 所示。图中，$U_{\text{dc}}$ 为直流母线电压，$U_1 < U_{\text{dc}} \leq U_0$ 为正常工作区，$U_2 < U_{\text{dc}} \leq U_1$ 为母线电压偏低 1 区，$U_3 < U_{\text{dc}} \leq U_2$ 为母线电压偏低 2 区，$U_{\text{dc}} \leq U_3$ 为欠压故障区，$U_0 < U_{\text{dc}} \leq U_4$ 为母线电压偏高 1 区，$U_4 < U_{\text{dc}} \leq U_5$ 为母线电压偏高 2 区，$U_{\text{dc}} > U_s$ 为过压故障区。

① 正常工作区。该阶段直流母线电压在正常范围内波动，此时分布式新能源发电量与可控负荷消耗电量基本平衡，各储能单

图 3.28　各个工作阶段

元下垂控制系数为初始值。

②母线电压偏低 1 区。该阶段直流母线电压偏低,此时分布式新能源发电量略小于负荷消耗量。需根据直流母线电压降低幅度以及各储能单元自身剩余容量减小下垂系数,提高直流母线电压。下垂系数调节方式为

$$k_i(t+1) = k_i(t) + \Delta k_i \tag{3.21}$$

其中

$$\Delta k_i = \delta_{\mathrm{L1}} \frac{U_{\mathrm{dc}} - U_{\mathrm{dc}}^*}{SOC_i - S_i}$$

式中:$k_i(t)$、$k_i(t+1)$ 为当前时刻以及下一时刻第 $i$ 个储能单元的下垂系数;$\Delta k_i$ 为第 $i$ 个储能单元下垂系数变化值;$\delta_{\mathrm{L1}}$ 为母线电压偏低 1 区的下垂系数变化量加权值;$SOC_i$、$S_i$ 为第 $i$ 个储能单元的荷电状态(State of Charge,SOC)以及初始时刻容量。

下垂系数约束条件为

$$\begin{cases} k_{i\_\mathrm{max}} \leqslant k_i(t+1) \leqslant k_{i\_\mathrm{min}} \\ \delta_{\mathrm{L1}} \geqslant 0 \end{cases} \tag{3.22}$$

式中:$k_{i\_\mathrm{max}}$、$k_{i\_\mathrm{min}}$ 为下垂系数最大、最小值。

③母线电压偏低 2 区。该阶段直流母线电压偏低幅度较大,调节方法与母线电压偏低 1 区相似,继续减小储能单元下垂系数,具体调节方法与母线电压偏低 1 区类似,但是下垂系数变化量加权值为 $\delta_{\mathrm{L2}}$,且满足 $\delta_{\mathrm{L2}} > \delta_{\mathrm{L1}}$。

④母线电压偏高 1 区。该阶段直流母线电压偏高,此时分布式新能源发电量略高于负荷消耗量。需根据直流母线电压升高幅度以及各储能单元自身剩余容量调整下垂系数,降低直流母线电压。下垂系数调节见式(3.21),其约束条件与式(3.22)相同,但是下垂系数变化值有所变化,即

$$\Delta k_i = \delta_{\mathrm{H1}} \frac{U_{\mathrm{dc}} - U_{\mathrm{dc}}^*}{SOC_i \cdot S_i} \tag{3.23}$$

⑤母线电压偏高 2 区。该阶段直流母线电压偏高幅度较大,调节方法与母线电压偏高 1 区相似,继续提高储能单元下垂系数。具体调节方法与母线电压偏高 1 区类似,但是下垂系数变化量加权值为 $\delta_{\mathrm{H2}}$,且满足 $\delta_{\mathrm{H2}} > \delta_{\mathrm{H1}}$。

⑥欠压故障区、过压故障区。该阶段直流母线电压过低,向协调控制器发送欠压故障、过压故障信号。

# 第4章

# 微电网控制技术

❊❊❊❊❊❊❊❊❊❊❊❊❊❊❊❊❊❊❊❊❊❊❊❊❊❊❊❊❊❊❊❊❊❊❊❊❊❊❊❊❊❊

　　基于分布式电源本体控制,微电网监控系统通过对微电网内分布式电源以及负荷的协调控制,实现微电网的安全、高效和稳定运行。微电网控制主要包括主从控制和对等控制两大控制模式。本章主要对主从控制模式下以储能系统作为主电源的微电网的并网运行、离网运行以及并/离网切换等各种协调控制策略进行详细论述。

## 4.1　微电网主从控制模式

　　主从控制是指微电网系统在离网运行时,以某一控制器为主控制器,控制某个分布式电源(称为主电源,通常采用恒压恒频 Vf 控制),为微电网中的其他分布式电源提供电压和频率参考,其余分布式电源为从电源(其控制器为从控制器,采用恒功率 PQ 控制)。主从控制器之间一般需要通信联系,主控制器通过检测微电网中的各种电气量,根据微电网的运行情况采取相应的调节手段,通过通信线路发出控制命令来控制其他从控制器的输出,实现整个微电网的功率平衡,使电压频率稳定在额定范围。主从控制模式可分为以主电源控制器为主控制器和以独立的微电网监控系统为主控制器两大类。

　　以主电源控制器为主控制器的主从控制结构如图 4.1 所示,选择作为主电源的分布式电源需满足一定的条件:在微电网离网运行时,该分布电源功率输出应能够在给定/设定范围内可控,且能够快速跟随负荷的波动变化;在微电网运行状态切换时,要求主电源能够在并网运行 PQ 控制和离网运行 Vf 控制两种控制模式间快速切换。常见的可作为主电源的一般有储能系统、微型燃气轮机等。

　　以微电网监控系统为主控制器的主从控制结构如图 4.2 所示,微电网监控系统与分布式电源控制器之间采用快速通信,微电网监控系统根据分布式电源的输出功率和微电网内的负荷需求调节各分布式电源控制器的运行参数。微电网监控系统可设定某一分布式电源为主电源并控制其运行状态的切换。

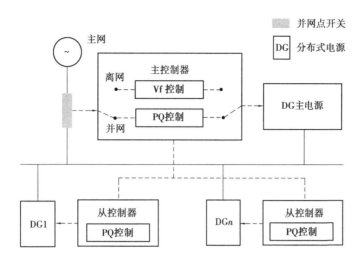

图 4.1　以主电源控制器为主控制器的主从控制结构图

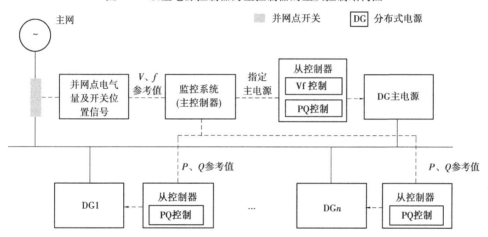

图 4.2　以微电网监控系统为主控制器的主从控制结构

## 4.2　微电网对等控制模式

　　对等控制模式是指微电网中每个分布式电源具有相等的地位,所有的分布式电源以预先设定的控制方式共同参与有功功率和无功功率的调节,从而保持微电网系统内电压和频率的稳定。对等控制模式下分布式电源一般采用 Vf 控制方式,其控制策略的选择十分关键,目前比较常用的策略是下垂特性(Droop)控制。Droop 控制能让分布式电源具有"即插即用"的功能,即微电网中的任何一个分布式电源在接入或断开时,不需要改变微电网中其他电源的设置,对等控制的微电网结构如图 4.3 所示。

　　在微电网离网运行时,分布式电源采用相同的 Droop 控制方法,系统电压和频率由所有分布式电源和负荷共同决定,负载功率的变化在分布式电源间进行自动分配。由于 Droop 控制方法仅需采集分布电源本地变量进行控制,不同分布式电源间的功率分配不依赖于通信,因此,理论上 Droop 控制可以提高微电网的可靠性并降低系统成本。

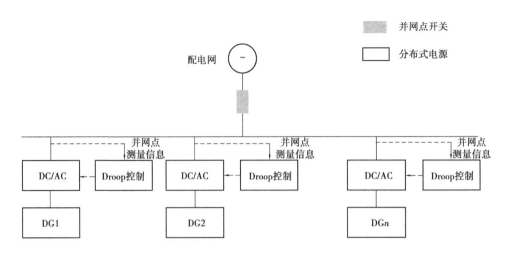

图 4.3 对等控制的微电网结构图

对等控制对微电网系统参数的一致性提出了比较严格的要求,目前国内外仅有少量以实验研究为主的微电网系统采用了对等控制,如 CERTS 微电网示范工程采用了 3 台规格、容量完全一致的 60kW 微型燃气轮机来实现对等控制。如何提高系统的稳定性和鲁棒性是目前对等控制模式下微电网需要解决的关键问题。

## 4.3 微电网并网运行控制策略

与大电网相比,微电网容量很小,微电网并网运行时,其电压和频率主要跟随大电网的电压和频率,微电网内分布式电源一般采用 PQ 控制模式运行。微电网并网运行控制策略是对微电网内各分布式电源出力进行协调控制,实现微电网的各种控制目标,如分布式发电/储能计划控制、风光储联合功率控制、联络线功率控制等,保障微电网的安全稳定运行。

### 4.3.1 分布式发电/储能计划控制

分布式发电/储能计划控制是指由用户或电网管理部门下发分布式电源未来一段时间内的出力计划控制曲线,微电网控制策略按照下发的计划控制曲线来控制分布式电源的出力以及储能的充放电。对功率可控的分布式发电单元,微电网根据下发的计划控制曲线制订分布式发电出力时需考虑其功率运行范围;对储能单元的充放电控制,需考虑储能单元的安全稳定技术指标,如电池的 SOC 允许范围、充放电次数限值等。微电网运行控制策略对下发的计划曲线需进行合理性评估。

以储能单元的充放电计划控制为例,控制策略流程如图 4.4 所示,详细步骤如下:

①读取储能单元充放电计划控制曲线,检查储能单元运行状态。若储能单元处于停机状态,下达并网开机指令;若储能单元处于正常运行状态,进入步骤②。

②检查充放电计划功率是否越限。若充放电功率计划值超过最大允许充放电功率或连续充电/放电时间过长,则告知用户及电网调度需重新制订充放电计划控制曲线;否则,进入步骤③。

③检查储能单元当日充放电次数是否越限。若越限,则发储能充放电次数越限告警。

④检查储能单元 SOC 是否越限。若是充电指令,检查储能单元当前 SOC 是否越上限;若是放电指令,检查储能单元当前 SOC 是否越下限。若 SOC 越限,则告知用户及电网调度需重新制订充放电计划控制曲线;否则,进入步骤⑤。

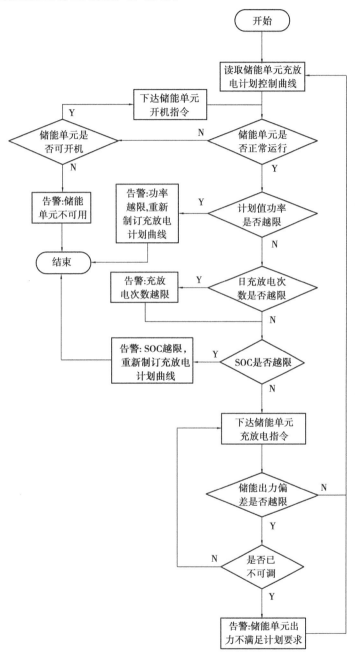

图 4.4　储能充放电计划控制流程

⑤按照计划值下达储能充放电指令并检查执行情况。若储能单元出力实时监测值与计划曲线有出入,超过允许范围,则向储能单元再次下达充放电指令;若多次下达指令后,储能单元

实时出力与计划曲线差额仍然超过允许范围,则告知用户及电网调度储能单元出力不满足计划要求。

分布式发电/储能计划控制可用于削峰填谷。例如,在峰荷时段下令储能单元放电并加大其他分布式电源出力;在谷荷时段下令储能单元充电并减小其他分布式电源出力;在其他时段,需保证储能单元有足够的备用容量,即峰荷时段有足够的放电容量,谷荷时段有足够的充电容量。

### 4.3.2 风光储联合功率控制

风力发电和光伏发电的出力易受到外部气象因素影响,出力会有波动,可根据分布式发电预测与负荷预测的结果,科学控制微电网内储能单元出力,弥补风、光发电的实时波动,使风光储联合发电出力稳定在一定的范围内,满足稳定供电的要求,这就是风光储联合功率控制。

**(1)基本控制流程**

风光储联合功率控制策略可根据预设的风光储联合发电出力目标,参考下一时间段风力发电和光伏发电预测出力曲线,在满足储能单元安全稳定技术指标的前提下,制订储能单元的预订充放电工作曲线。在实际执行过程中,要根据风光实际出力对储能单元预定充放电工作曲线进行合理性评估,实时调整储能单元的充放电出力在允许的范围内。

风光储联合功率控制流程如图 4.5 所示,图中 $P_M$ 为储能出力目标值、$P_{pro}$ 为当前时段风光预测出力值、$P_{set}$ 为预设风光出力值,详细步骤如下:

①接收风光储联合功率控制指令,检查储能单元运行状态。若储能单元处于停机状态,下达并网开机指令;若储能单元处于正常运行状态,进入步骤②。

②计算预设的风光出力值与当前时段风光出力预测值之间的功率差额作为储能单元的出力目标值。

③检查储能单元出力目标值是否功率越限。若目标值在储能最大允许充放电范围内,进入步骤⑤;否则,进入步骤④。

④根据风光实时出力情况计算储能单元的出力目标值,可采用一阶低通滤波算法计算目标值,并检查目标值是否功率越限。若目标值超过储能最大允许充放电功率,修正目标值为最大允许充放电功率值。

⑤检查储能单元当日充放电次数是否越限。若越限,则发储能充放电次数越限告警。

⑥检查储能单元 SOC 是否越限。若是充电指令,检查储能单元当前 SOC 是否越上限,若是放电指令,检查储能单元当前 SOC 是否越下限。若 SOC 越限,则告知用户及电网调度 SOC 越限,进入步骤⑦;否则,进入步骤⑧。

⑦若 SOC 低于下限,下达充电指令,储能单元以较大功率充电;若 SOC 高于上限,下达放电指令,储能单元以较大功率放电。直到 SOC 恢复到某一设定值。

⑧按照计算目标值下达储能充放电指令并检查执行情况。若风光出力实时监测值与预设出力有出入,超过允许范围,则返回步骤④,再次根据当前风光实时情况计算储能单元的出力目标值并下达充放电指令,直到进入风光出力预测下一时段。

与计划控制相比,风光储联合功率控制策略对储能系统的控制提出了更高的要求,计划控制策略中,储能系统大部分时候是恒功率运行,而在风光储联合功率控制策略中,储能系统主要进行变功率充放电运行。为减少储能系统日充放电次数,提高储能系统的使用寿命,要合理

选取计算参数 $P_M$。

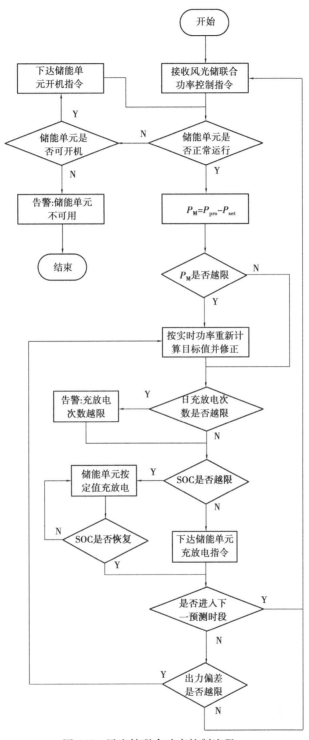

图 4.5　风光储联合功率控制流程

**（2）基于混合储能的功率平滑控制**

目前越来越多的微电网采用混合储能系统,典型的混合储能系统一般包含超级电容和蓄电池。用于平抑分布式发电功率波动的混合储能功率分配算法遵循以下原理:短时间尺度的功率变化由超级电容来调节,长时间尺度的功率变化由蓄电池来调节。

设风光当前出力为 $P_{W.S}$,同时设单位时间内功率变化值用功率变化值 $P_K$ 来衡量,取 $P_K = P_{W.S}(t_i) - P_{W.S}(t_{i-1})$,采取的控制算法是设定一个功率变化限定值 $P_{kup}$,当功率变化绝对值小于限定值时,补偿功率由蓄电池来调节;当功率变化绝对值大于限定值时,超出部分由超级电容来调节。

蓄电池在 $t$ 时刻需调节的功率 $P_{bat}$ 为

$$\begin{cases} P_M(t) & |P_k| \leqslant P_{kup} \\ P_{bat}(t_{i-1}) + P_{kup} & |P_k| > P_{kup} \text{ 且 } P_k > 0 \\ P_{bat}(t_{i-1}) - P_{kup} & |P_k| > P_{kup} \text{ 且 } P_k < 0 \end{cases} \tag{4.1}$$

当功率变化值小于该限定值时,补偿功率全部由蓄电池来调节;当功率变化绝对值大于限定值时,分配给蓄电池的功率调节值为前一时刻的调节值与最大允许功率变化值之和,剩余部分由超级电容来调节。

超级电容在 $t$ 时刻需调节的功率 $P_{sc}$ 为

$$P_{sc}(t) = P_M(t) - P_{bat}(t) \tag{4.2}$$

对功率变化率限定值 $P_{kup}$ 的选取,需根据蓄电池的充放电功率限值以及 SOC 允许范围来调整。

### 4.3.3 联络线功率控制

联络线功率控制是指微电网并网运行时,对微电网公共连接点的功率设定计划值或计划曲线,使其按照计划运行。在制订计划值或计划曲线时,需结合微电网内分布式电源和负荷的实际发电与用电曲线,进行合理制订。联络线功率控制策略可分为联络线的恒功率控制及功率平滑控制。

恒功率控制是控制微电网并网点功率维持在一恒定值,这是电力调度运行人员比较喜欢的一种微电网运行控制方式,在该控制方式下,调度侧可准确地预测微电网出力,减少风光等随机性电源对配电网负荷预测准确性的影响。功率平滑控制是对微电网并网点功率进行平滑,减小微电网并网点功率波动性,从而减小并网点电压波动,提高电能质量。随着微电网数量的增加,采用联络线功率平滑控制策略,能够显著减少因功率波动过大造成的配电网容量浪费现象,降低配电网合理规划的难度。

制订联络线功率计划值的基本原则包括结合正常工作日、周末和节假日等不同时间发用电的特点分别制订不同的控制目标;储能系统尽量在晚上充电、白天放电,减少白天需要从主网的购电量,节约电费;新能源发电量尽量在微电网内部消纳,减少与外部电网的电量交换。

微电网并网运行时与外部主网间联络线功率控制策略流程如图 4.6 所示,图中 $\Delta P$ 为联络线功率偏差,$P_P$ 为联络线当前功率,$P_{set}$ 为联络线功率设定值。微电网内可能包含多个功率可控单元,如多个储能单元、光伏发电单元、风力发电单元,对光伏发电单元和风力发电单元一般采用最大功率控制模式,功率控制优先调节储能单元。当微电网内含有多个储能单元时,可采用加权分配的算法分配各储能单元出力。充电时,按各储能单元消耗储能电量占总消耗储能电量的百分比分配;放电时,按剩余储能电量占总剩余储能电量的百分比分配。

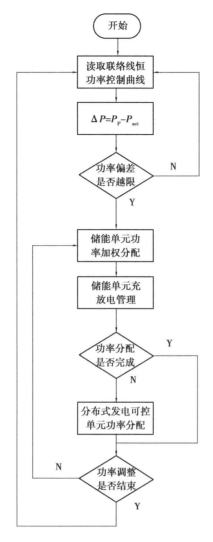

图 4.6　联络线功率控制流程

同时,需要根据储能系统充放电功率及当前荷电状态来进行储能充放电管理,其原则依然是满足储能单元安全稳定技术指标,充放电功率不超过允许的最大充放电功率,避免蓄电池的过充过放。为保障储能单元的备用容量,当 SOC 较大时,要采用小功率充电大功率放电方式;当 SOC 较小时,要采用大功率充电小功率放电方式。

### 4.3.4　无功电压控制

目前,农村配电网的末端区域往往存在着无功不足、电压水平较低的问题,可利用接入配电网末端的微电网无功电压控制能力,减少配电网无功潮流,提高配电网末端电压水平,降低网损。

微电网并网运行时无功电压控制策略流程如图 4.7 所示,当微电网配有专用无功补偿设备(如 SVG)时,其响应速度更快(一般为毫秒级),可优先调用,若需要微电网内分布式电源输出无功时,应优先选择储能单元输出无功。

微电网无功输出的大小取决于微电网母线电压、电压偏差以及配电网系统电抗。当电压

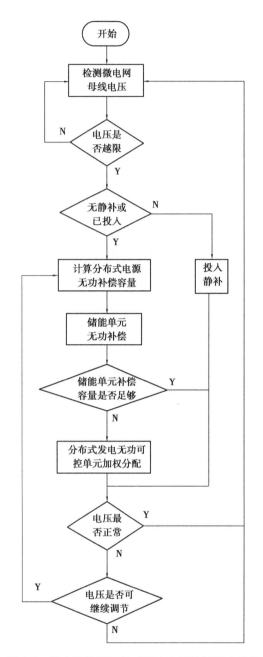

图 4.7 微电网并网运行时无功电压控制策略流程

调节目标在额定范围附近时,可采用无功补偿容量,即

$$Q_b = -\lambda U_m \cdot \Delta U \tag{4.3}$$

式中:$Q_b$ 为无功补偿容量;$\lambda$ 为补偿系数;$U_m$ 为微电网母线电压;$\Delta U$ 为电压偏差。

在实际工程中,由于配电网结构复杂,系统电抗值往往难以精确计算,因此 $\lambda$ 的取值一般可通过现场实测微电网并网点无功功率变化量和微电网母线电压变化量来确定。

## 4.4 微电网离网运行控制策略

微电网离网运行时,微电网内的分布式电源有两种控制模式:①采用 PQ 控制只发出恒定的有功或是执行最大功率跟踪,不参与电压和频率调节;②采用 Vf 控制,用于维持微电网的电压和频率,保证微电网的正常运行。微电网在离网运行时,主电源承担着一次调频调压的责任,必须在无通信的条件下通过调节自身出力对微电网内的扰动在数毫秒内作出响应。一般选用微型燃气轮机、电池储能系统等容量较大、控制响应速度快的稳定电源作为微电网主电源。微电网离网运行控制策略主要进行二次调频调压工作,实时计算负荷与分布式发电输出功率之间的功率差,调节分布式电源出力,平衡系统功率。

### 4.4.1 有功功率控制

微电网离网运行有功功率控制是指微电网离网运行时,微电网内各分布式电源正常按照能量管理系统下达的经济优化功率曲线出力,当微电网频率偏离额定范围仅靠主电源出力不能稳定系统频率时,需要调节除主电源外的其他分布式电源出力,必要时采用投切负荷的手段,平衡系统功率,恢复系统频率。

微电网离网运行时,首要目标是保证重要负荷的供电,根据微电网实际情况,有选择地保证可控负荷、可切负荷的供电。

以储能单元作为主电源的风光柴储微电网为例,风光柴储微电网离网运行有功功率控制策略流程如图 4.8 所示,图中 $P_B$ 为二次调频需补偿的功率、$P_{dis}$ 为分布式电源输出功率、$P_{load}$ 为负荷功率,详细步骤如下:

①检查主储能单元 $SOC$ 是否越限。若 $SOC$ 过低,进入步骤②;若 $SOC$ 过高,进入步骤③;若正常进入步骤④。

②检查主储能单元运行状态。若主储能为充电状态,进入步骤④,否则,下令风力发电、光伏发电出力满发,若主储能单元还是不能充电以恢复 $SOC$,投入柴油发电机,按功率由小到大的顺序逐步切除可控负荷。若以上措施仍不能使主储能单元退出放电状态,则告知用户主储能单元 $SOC$ 过低,系统过负荷。用户可人工决策继续给重要负荷供电还是人工切除部分重要负荷,让主储能单元 $SOC$ 回到正常水平。

③检查主储能单元运行状态。若主储能为放电状态,进入步骤④,否则,减少柴油发电机出力直至退出柴油发电机,投入可控负荷。若以上措施仍不能使主储能单元退出充电状态,则限制风电、光伏发电出力,进入步骤④。

④检查微电网频率是否越限。若微电网频率偏差未越限,进入步骤⑧,否则,进入步骤⑤。

⑤计算微电网调频需补偿功率值。若为负值,微电网内分布式电源需增加出力,进入步骤⑥,否则,进入步骤⑦。

⑥下令风力发电、光伏发电出力满发。若出力仍不足,辅储能单元加权分配功率,增加出力。当辅储能单元出力不足时,投入柴油发电机,加大柴油发电机出力,按功率由小到大的顺序逐步切除可控负荷,返回步骤④。若以上措施仍不能完全补偿功率差额,则告知用户重要负荷过载,由用户决定是否人工切除部分重要负荷,返回步骤①。

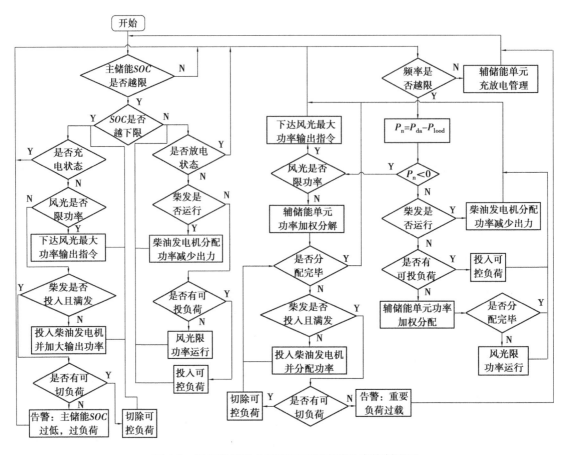

图 4.8　风光柴储微电网离网运行有功功率控制流程

⑦减少柴油发电机出力,投入可控负荷。若微电网出力仍有富余,辅储能单元加权分配功率,减小出力(或增大充电功率)。若以上措施执行后仍有富余功率,则限制风力发电、光伏发电出力,返回步骤④。

⑧进行辅储能单元充放电管理。当 $SOC$ 过低时,若分布式发电有富余出力,辅储能单元进行充电,否则待机;当 $SOC$ 过高时,增加负载,辅储能单元放电,否则待机。

上述控制策略优先考虑主储能单元即主电源的安全性和稳定性,必要情况下投入柴油发电机对主储能单元充电,维持主储能单元 $SOC$ 在正常水平,并在此基础上,调节微电网的功率平衡。该控制策略对主储能单元的容量需求较大,但是降低了柴油发电机容量和运行时间需求,经济性较好。

### 4.4.2 无功电压控制

对于微电网来说,离网运行时系统无功电压控制显得尤为重要。失去了外部主网提供的电压参考值,微电网主要通过主电源的 Vf 控制,调节无功出力来稳定微电网系统电压。一般来说,主电源的调节范围会受到自身容量和有功出力的限制,有可能不能完全补偿系统无功。当发生无功不平衡时,由 SVG 等专用无功补偿设备对系统无功进行动态补偿。若没有专用无功补偿设备或补偿容量不足,微电网电压偏差仍然较大,则需要控制策略实时计算补偿差额,调节除主电源外的其他分布式电源无功出力,恢复微电网电压到正常水平。

微电网离网运行时无功电压控制策略流程如图 4.9 所示,在调节分布式电源的无功功率时,应首先保证有功出力,分布式电源可用无功功率为

$$Q_R = \sum_{i=1}^{N} \sqrt{S_{Ni}^2 - P_i^2} \qquad (4.4)$$

式中: $S_{Ni}$ 为第 $i$ 个分布式电源视在功率; $P_i$ 为第 $i$ 个分布式电源当前有功功率。

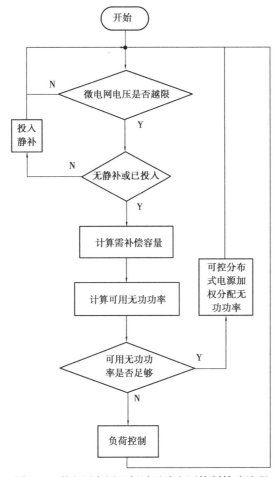

图 4.9　微电网离网运行时无功电压控制策略流程

无功调节顺序依次为储能单元、同步电机电源(已经投运,否则不参与无功调节)、其他分布式电源。当分布式电源可用无功容量与需补偿容量差额较大时,可切除功率因数较低的负荷支路。

## 4.5　微电网运行状态切换控制策略

### 4.5.1　微电网运行状态

微电网在稳定运行时分为停止运行、并网运行、离网运行和外部电网直供电 4 种运行状态。微电网运行状态说明见表 4.1。

表4.1 微电网运行状态说明

| 运行状态 | 说　明 |
|---|---|
| 停止运行 | (1)微电网并网开关为断开状态<br>(2)微电网内所有分布式电源处于停机状态<br>(3)微电网母线电压为零 |
| 并网运行 | (1)外部电网电压、频率正常<br>(2)微电网并网开关为合闸状态<br>(3)微电网内至少有1个分布式电源处于运行状态<br>(4)微电网母线电压、频率正常 |
| 离网运行 | (1)微电网并网开关断开<br>(2)微电网内至少有1个主电源以Vf控制模式运行<br>(3)微电网母线电压、频率正常 |
| 外部电网直供电 | (1)外部电网电压、频率正常<br>(2)微电网并网开关为合闸状态<br>(3)微电网内所有分布式电源处于停机状态<br>(4)微电网母线电压、频率正常 |

通过相应的控制命令,微电网可以在各运行状态之间相互切换,微电网运行过程中各个运行状态之间主要的切换过程如图4.10所示。

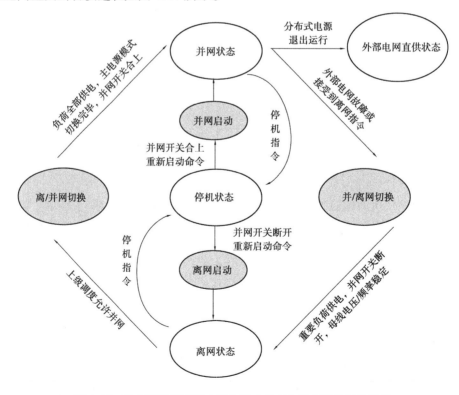

图4.10　微电网运行过程中各个运动状态之间主要的切换过程

**（1）并网运行状态—离网运行状态**

并网运行时,微电网在电网安全性和稳定性允许的情况下,按照一定策略协调分布式发电、储能和负荷并网运行,实现优化运行。当外部电网出现异常时(如电压跌落、频率振荡等)或者有上级需求时,微电网断开并网开关,进入并/离网转换状态。并/离网转换主要包括无缝切换与有缝切换两种切换模式。在并/离网切换执行过程中,如果实现了微电网内重要负荷与可控负荷安全运行,微电网母线电压、频率稳定在允许范围内,并网开关断开,则微电网成功进入离网运行状态。

**（2）离网运行状态—并网运行状态**

当外部电网故障(或异常)微电网进行离网运行时,微电网主电源采用 Vf 控制模式,稳定微电网的电压和频率,微电网按照一定的控制策略调整储能单元出力,协调分布式电源与负荷功率平衡,维持微电网的安全稳定运行,保证微电网重要负荷的供电。微电网实时监测外部电网的电压/频率,一旦外部电网恢复正常后微电网根据实际情况可经过一定的延迟自动地或者经上级电网调度允许后,微电网可进入离/并网切换状态。离/并网切换包括有缝切换或无缝切换两种模式。在离/并网切换执行过程中,微电网完成与外部电网的同步,合上并网开关,主电源切换至 PQ 控制模式,分布式电源恢复出力,可切负荷恢复供电,微电网重新进入并网运行。

**（3）并网运行状态—外部电网直供电运行状态**

微电网并网运行时,若分布式电源发生故障或收到人工指令退出运行,微电网内只有负荷运行,由外部电网直接供电,此时微电网为纯用电负荷。

**（4）任何运行状态—停止运行状态**

无论微电网处于何种运行状态时,只要收到停机指令,则微电网内全部设备退出运行,并网开关断开,微电网进入停止运行状态。

**（5）停止运行状态—并网运行状态**

微电网处于停止运行状态时,实时监测微电网内部与外部电网运行信息,待消除微电网内设备故障以及收到恢复指令后,微电网并网开关合上,分布式电源恢复出力,负荷恢复供电,微电网进入并网运行状态。

**（6）停止运行状态—离网运行状态**

微电网处于停止运行状态时,实时监测微电网内部设备信息,待消除微电网内设备故障以及收到恢复指令后,并网开关保持断开,分布式电源恢复出力,重要负荷恢复供电,微电网进入离网运行状态。

在微电网的控制中,系统在稳定运行状态的工况下可完成一定的任务,微电网在各种稳定运行状态时执行的动作见表4.2。

表4.2　微电网在各种稳定运行状态时执行的动作

| 运行状态 | 在该状态下可执行的动作 |
| --- | --- |
| 停止运行 | (1)并网运行<br>(2)离网运行<br>(3)外部电网直供电启动 |

续表

| 运行状态 | 在该状态下可执行的动作 |
|---|---|
| 并网运行 | (1)功率优化控制<br>(2)无功电压控制<br>(3)并网到离网运行状态切换<br>(4)并网到停止运行状态切换<br>(5)并网到外部电网直供电状态切换 |
| 离网运行 | (1)功率优化控制<br>(2)无功电压控制<br>(3)离网到并网运行状态切换<br>(4)离网到停止运行状态切换 |
| 外部电网直供电 | (1)外部电网直供电到并网运行状态切换<br>(2)外部电网直供电到离网运行状态切换<br>(3)外部电网直供电到停止运行状态切换 |

### 4.5.2　微电网负荷分级

微电网内的负荷按供电可靠性可分为重要负荷、可控负荷和可切负荷,具体如下:

①重要负荷在并网和离网条件下均需优先保证供电,一般情况下只有保护动作和人工检修时才切除。

②可控负荷供电优先级低于重要负荷,在微电网并网转离网的过程中,切除可控负荷,当微电网进入离网运行稳定状态后再投入。微电网离网运行时当主电源电量不足时,优先切除可控负荷。

③可切负荷供电优先级最低,当微电网离网运行时,一般不投入。微电网并网转离网的过程中,首先切除可切负荷。

微电网负荷的分级可由用户自行设置,微电网控制策略应能实时读取负荷分级设置。

### 4.5.3　微电网运行/停运控制

#### (1)外部电网直供电到停运

从外部电网直供电到微电网停运的主要目标就是保证微电网内负荷安全切除。当接收到微电网停运指令时,微电网与外部电网断开,停止对微电网内负荷进行供电。

外部电网直供电到停运控制流程如图4.11所示,详细步骤如下:

①接收外部电网直供电到停运状态切换控制指令,检查微电网当前运行状态。若微电网当前运行状态为外部电网直供电状态,进入步骤②,否则,告知用户微电网状态异常,结束控制。

②跳开负荷支路开关,检查负荷支路开关状态。若为合闸状态,进入步骤③;若为分闸状态,进入步骤④。

③检查负荷支路开关是否可控。若连续多次下达跳闸指令后负荷支路开关状态仍然为合闸状态,告知用户负荷支路开关拒动,进入步骤④。

④跳开并网点开关,检查并网点开关状态。若为合闸状态,进入步骤⑤;若为分闸状态,微电网运行状态切换控制结束。

⑤检查并网点开关是否可控。若连续多次下达跳闸指令后并网点开关状态仍然为合闸状态,告知用户并网点开关拒动,微电网运行状态切换控制结束。

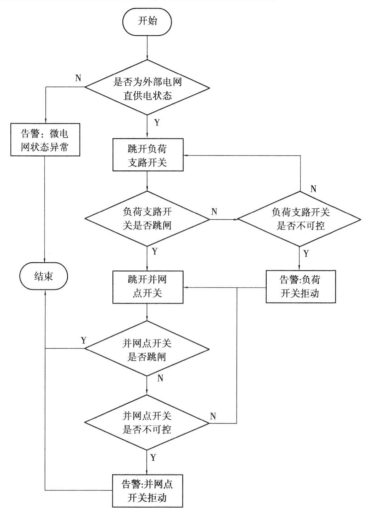

图4.11　外部电网直供电到停运控制流程

外部直供电到停运控制策略对开关的动作顺序不作严格要求,主要的是保证并网点开关的正常断开。

**(2)停运到外部电网直供电**

从微电网停运状态到外部电网直供电状态的主要目标是保证微电网内负荷安全供电。

微电网停运到外部电网直供电控制策略流程如图4.12所示,详细步骤如下:

①接收停运到外部电网直供电状态切换控制指令,检查微电网当前运行状态。若微电网当前运行状态为停运状态,进入步骤②,否则,告知用户微电网状态异常,结束控制。

②合上并网点开关,检查并网点开关状态。若为分闸状态,进入步骤③;若为合闸状态,进入步骤④。

③检查并网点开关是否可控。若连续多次下达合闸指令后并网点开关状态仍然为分闸状态或下达合闸指令后有继电保护动作,则告知用户并网点开关合闸失败,结束控制。

④检查微电网母线电压是否正常。若母线电压正常,进入步骤⑤,否则,告知用户微电网母线异常,结束控制。

⑤合上负荷支路开关,检查负荷支路开关状态。若为合闸状态,微电网运行状态切换控制结束;若为分闸状态,进入步骤⑥。

⑥检查负荷支路开关是否可控。若连续多次下达合闸指令后负荷支路开关状态仍然为分闸状态或下达合闸指令后有继电保护动作,告知用户负荷支路开关合闸失败,微电网运行状态切换控制结束。

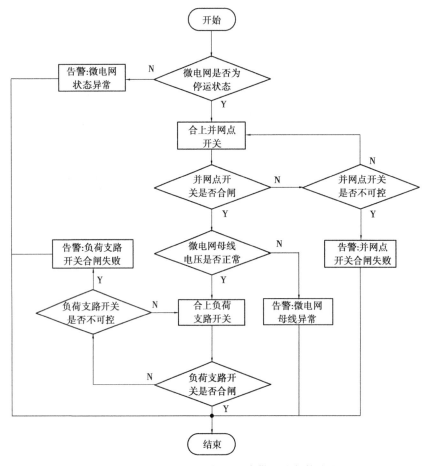

图 4.12　微电网停运到外部电网直供电控制策略流程

停运到外部电网直供电控制策略要求微电网母线电压正常后再合上负荷支路开关,与常规配电网负荷上电要求相同。

**(3)停运并网**

微电网停运并网是指微电网由停运状态切换到并网运行状态,主要目标是保证分布式电源安全并网发电和负荷安全供电。

微电网停运并网控制流程如图 4.13 所示,详细步骤如下:

①接收并网运行控制指令,检查微电网当前运行状态。若微电网当前运行状态为停运状

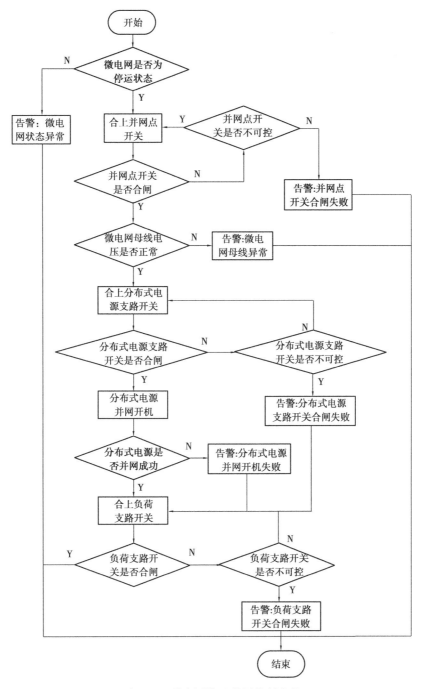

图 4.13　微电网停运并网控制流程

态，进入步骤②，否则，告知用户微电网状态异常，结束控制。

　　②合上并网点开关，检查并网点开关状态。若为分闸状态，进入步骤③；若为合闸状态，进入步骤④。

　　③检查并网点开关是否可控。若连续多次下达合闸指令后并网点开关状态仍然为分闸状态或下达合闸指令后有继电保护动作，则告知用户并网点开关合闸失败，结束控制。

④检查微电网母线电压是否正常。若母线电压正常,进入步骤⑤,否则,告知用户微电网母线异常,结束控制。

⑤合上分布式电源支路开关,检查分布式电源支路开关状态。若为分闸状态,进入步骤⑥;若为合闸状态,进入步骤⑦。

⑥检查分布式电源支路开关是否可控。若连续多次下达合闸指令后分布式电源支路开关状态仍然为分闸状态或下达合闸指令后有继电保护动作,告知用户分布式电源支路开关合闸失败,进入步骤⑧。

⑦下达分布式电源并网开机指令,并检查分布式电源是否并网开机成功。若并网开机失败,则告知用户分布式电源并网开机失败,进入步骤⑧。

⑧合上负荷支路开关,检查负荷支路开关状态。若为合闸状态,微电网运行状态切换控制结束;若为分闸状态,进入步骤⑨。

⑨检查负荷支路开关是否可控。若连续多次下达合闸指令后负荷支路开关状态仍然为分闸状态或下达合闸指令后有继电保护动作,告知用户负荷支路开关合闸失败,微电网运行状态切换控制结束。

停运并网控制策略要求微电网先投入分布式电源,再投入负荷,避免分布式电源并网时的冲击带来的电能质量问题对重要负荷产生不利影响。

**(4)并网停运**

微电网并网停运是指微电网由并网运行状态切换到停运状态,主要目标是保证分布式电源安全退出运行和负荷的安全切除。

微电网并网停运控制流程如图4.14所示,详细步骤如下:

①接收并网停运控制指令,检查微电网当前运行状态。若微电网当前运行状态为并网运行状态,进入步骤②,否则,告知用户微电网状态异常,结束控制。

②跳开负荷支路开关,检查负荷支路开关状态。若为合闸状态,进入步骤③;若为分闸状态,进入步骤④。

③检查负荷支路开关是否可控。若连续多次下达分闸指令后负荷支路开关状态仍然为合闸状态,则告知用户负荷支路开关拒动,进入步骤④。

④下达分布式电源停机指令,检查各分布式电源运行状态。若分布式电源停机,进入步骤⑤,否则,告知用户分布式电源停机失败。

⑤依次跳开各分布式电源支路开关和并网点开关,检查并网点开关状态。若为合闸状态,进入步骤⑥;若为分闸状态,微电网运行状态切换控制结束。

⑥检查并网点开关是否可控。若连续多次下达分闸指令后并网点开关状态仍然为合闸状态,则告知用户并网点开关分闸失败,微电网运行状态切换控制结束。

并网停运控制策略应尽量避免并网点开关带电源分闸,当分布式电源停机失败时(如通信故障),应先将分布式电源支路开关跳开。

**(5)停运离网**

微电网停运离网是指微电网由停运状态切换到离网运行状态,主要目标是保证微电网内部主电源建立母线电压,其他分布式电源并网发电,重要负荷安全供电。

微电网停运离网控制流程如图4.15所示,详细步骤如下:

①接收停运离网控制指令,检查微电网当前运行状态。若微电网当前运行状态为停运状

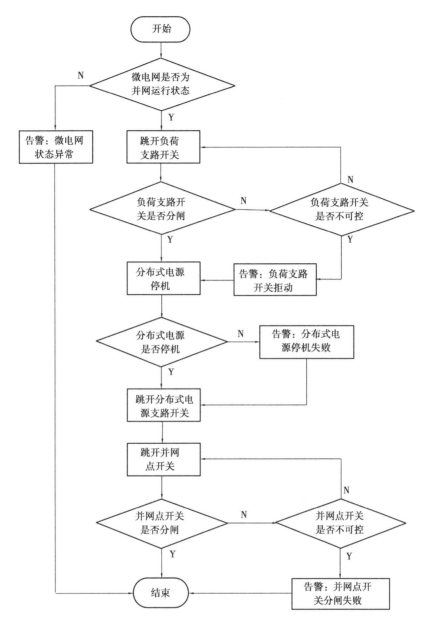

图 4.14　微电网并网停运控制流程

态,进入步骤②,否则,告知用户微电网状态异常,结束控制。

②合上主电源支路开关,检查主电源支路开关状态。若为分闸状态,进入步骤③;若为合闸状态,进入步骤④。

③检查主电源支路开关是否可控。若连续多次下达合闸指令后主电源支路开关状态仍然为分闸状态或下达合闸指令后有继电保护动作,则告知用户主电源支路开关合闸失败,结束控制。

④下达主电源 Vf 模式启动指令,检查微电网母线电压是否正常。若母线电压正常,进入步骤⑤,否则,告知用户主电源启动失败,结束控制。

⑤合上重要负荷支路开关,检查重要负荷支路开关状态。若为分闸状态,进入步骤⑥;若

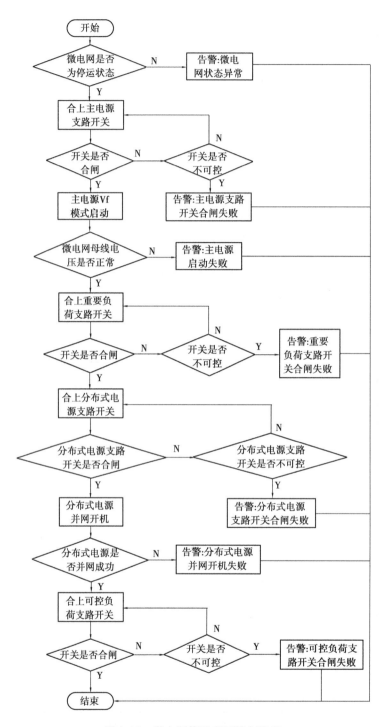

图 4.15　微电网停运离网控制流程

为合闸状态,进入步骤⑦。

　　⑥检查重要负荷支路开关是否可控。若连续多次下达合闸指令后重要负荷支路开关状态仍然为分闸状态或下达合闸指令后有继电保护动作,告知用户重要负荷支路开关合闸失败,结束控制。

⑦合上其他分布式电源支路开关,检查分布式电源支路开关状态。若为分闸状态,进入步骤⑧;若为合闸状态,进入步骤⑨。

⑧检查分布式电源支路开关是否可控。若连续多次下达合闸指令后分布式电源支路开关状态仍然为分闸状态或下达合闸指令后有继电保护动作,告知用户分布式电源支路开关合闸失败,结束控制。

⑨下达分布式电源并网开机指令,并检查分布式电源是否并网开机成功。若并网开机失败,则告知用户分布式电源并网开机失败,结束控制,否则,进入步骤⑩。

⑩合上可控负荷支路开关,检查可控负荷支路开关状态。若为合闸状态,微电网运行状态切换控制结束;若为分闸状态,进入步骤⑪。

⑪检查可控负荷支路开关是否可控。若连续多次下达合闸指令后可控负荷支路开关状态仍然为分闸状态或下达合闸指令后有继电保护动作,告知用户可控负荷支路开关合闸失败,微电网运行状态切换控制结束。

停运离网控制策略对开关及设备的动作顺序有严格的要求,在确保主电源正常开机,微电网完成母线电压建立的基础上,依次投入重要负荷、分布式电源和可控负荷。主电源容量要大于重要负荷功率,保证微电网运行的稳定性。

### (6) 离网停运

微电网离网停运是指微电网由离网运行状态切换到停运状态,主要目标是保证重要负荷的安全切除,主电源和其他分布式电源安全退出运行。

微电网离网停运控制流程如图4.16所示,详细步骤如下:

①接收离网停运控制指令,检查微电网当前运行状态。若微电网当前运行状态为离网运行状态,进入步骤②,否则,告知用户微电网状态异常,结束控制。

②跳开可控负荷支路开关,检查可控负荷支路开关状态。若为合闸状态,进入步骤③;若为分闸状态,进入步骤④。

③检查可控负荷支路开关是否可控。若连续多次下达分闸指令后可控负荷支路开关状态仍然为合闸状态,则告知用户可控负荷支路开关分闸失败,进入步骤④。

④对除主电源外的分布式电源下达停机指令,检查分布式电源运行状态。若没有停运,告知用户分布式电源停机失败,否则进入步骤⑤。

⑤跳开分布式电源支路开关,检查分布式电源支路开关状态。若为合闸状态,进入步骤⑥;若为分闸状态,进入步骤⑦。

⑥检查分布式电源支路开关是否可控。若连续多次下达分闸指令后分布式电源支路开关状态仍然为合闸状态,告知用户分布式电源支路开关分闸失败,进入步骤⑦。

⑦跳开重要负荷支路开关,检查重要负荷支路开关状态。若为合闸状态,进入步骤⑧;若为分闸状态,进入步骤⑨。

⑧检查重要负荷支路开关是否可控。若连续多次下达分闸指令后重要负荷支路开关状态仍然为合闸状态,告知用户重要负荷支路开关分闸失败,进入步骤⑨。

⑨下达主电源停机指令,并检查主电源是否停机成功。若停机失败,则告知用户主电源停机失败,结束控制,否则进入步骤⑩。

⑩跳开主电源支路开关,检查主电源支路开关状态。若为分闸状态,微电网运行状态切换控制结束;若为合闸状态,进入步骤⑪。

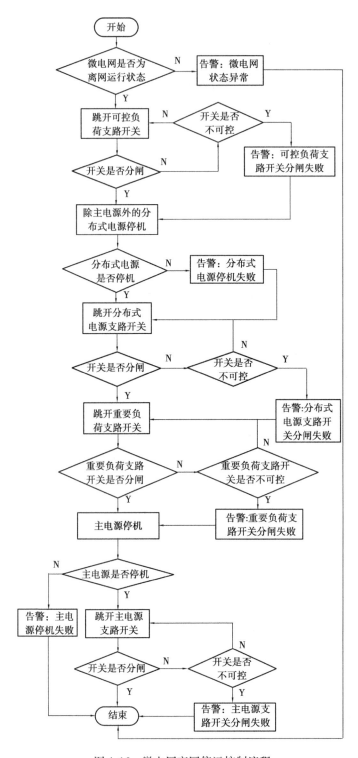

图 4.16　微电网离网停运控制流程

　　⑪检查主电源支路开关是否可控。若连续多次下达分闸指令后主电源支路开关状态仍然为合闸状态,告知用户主电源支路开关分闸失败,微电网运行状态切换控制结束。

离网停运控制策略在执行过程中要随时确保微电网的功率平衡,不能因为某个负荷或电源的切除造成功率失衡超出主电源调节范围,导致主电源提前退出运行,需根据主电源容量以及各支路功率考虑分布式电源和负荷的退出顺序。

### 4.5.4　微电网并网运行转离网运行控制

微电网并网运行转离网运行控制是指外部电网故障或根据情况需要微电网离网运行时,将处于并网运行模式的微电网转换到离网运行模式。微电网进行并/离网运行模式切换时,可以采用无缝切换和短时有缝切换两种策略。无缝是指在并网和离网两种运行状态切换过程中微电网电压跌落不超过 10 ms;有缝是指在切换过程中微电网电压会出现短时中断,一般不超过 5 min。

无缝切换是保证微电网在两种运行模式间平稳过渡的关键技术。当检测到外部电网发生故障或根据情况需要微电网离网运行时,应断开与公共电网的连接,转入离网运行模式。在这两种运行状态转换的过程中,需要采用相应的控制措施,以保证平稳切换和过渡。无缝切换供电可靠性高,外部电网发生故障时,仍可以维持微电网内重要负荷不断电,但对微电网控制要求较高,并网点需配置快速开关(分、合闸时间小于 10 ms)。

对允许短时停电的有缝切换策略,当外部电网故障或根据情况需要微电网离网运行时,微电网分布式电源首先退出运行,微电网并网开关断开,微电网内负荷短时停电。当确认微电网与外部电网断开后,经过一定时间,微电网内主电源重新建立微电网的电压和频率,重要负荷恢复供电,微电网进入离网运行状态。

无论是有缝切换还是无缝切换,为保证微电网离网运行时电压和频率的稳定,可控负荷与可切负荷在切换前会被切除,在微电网恢复运行时,可控负荷将有序投入,可切负荷不再投入运行。

**(1)有缝切换**

微电网并网转离网有缝切换控制流程如图 4.17 所示,控制策略首先执行并网停运流程,当确认微电网停运后再执行离网运行流程。为减少重要负荷停电时间,并网停运与离网运行流程与前述相比适当简化,详细步骤如下:

①接收并网转离网有缝切换控制指令,检查微电网当前运行状态。若微电网当前运行状态为并网运行状态,进入步骤②,否则,告知用户微电网状态异常,结束控制。

②依次跳开可切负荷、可控负荷、重要负荷支路开关。

③下达各分布式电源停机指令,检查主电源运行状态。若主电源停机,进入步骤④,否则,告知用户主电源停机失败。

④跳开并网点开关,检查并网点开关状态。若为合闸状态,进入步骤⑤;若为分闸状态,进入步骤⑥。

⑤检查并网点开关是否可控。若连续多次下达分闸指令后并网点开关状态仍然为合闸状态,则告知用户并网点开关分闸失败,微电网运行状态切换控制结束。

⑥下达主电源 Vf 模式启动指令,检查微电网母线电压是否正常。若母线电压正常,进入步骤⑦,否则,告知用户主电源启动失败,结束控制。

⑦合上重要负荷支路开关,检查重要负荷支路开关状态。若为分闸状态,进入步骤⑧;若为合闸状态,进入步骤⑨。

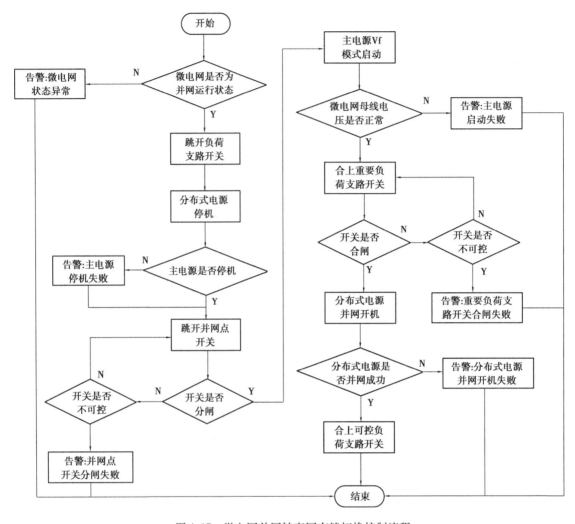

图 4.17　微电网并网转离网有缝切换控制流程

⑧检查重要负荷支路开关是否可控。若连续多次下达合闸指令后重要负荷支路开关状态仍然为分闸状态或下达合闸指令后有继电保护动作,告知用户重要负荷支路开关合闸失败,结束控制。

⑨下达其他分布式电源并网开机指令,并检查分布式电源是否并网开机成功。若并网开机失败,则告知用户分布式电源并网开机失败,结束控制,否则,进入步骤⑩。

⑩合上可控负荷支路开关,微电网运行状态切换控制结束。

**(2)无缝切换**

微电网并网转离网无缝切换控制流程如图 4.18 所示,微电网内部主电源直接采集并网点开关状态信号,可提高主电源 PQ 控制模式切换到 Vf 控制模式的响应速度和可靠性,详细步骤如下:

①接收并网转离网无缝切换控制指令,检查微电网当前运行状态。若微电网当前运行状态为并网运行状态,进入步骤②,否则,告知用户微电网状态异常,结束控制。

②向主电源发送并网转离网准备指令,通知主电源做好控制模式切换准备。

③跳开可控负荷和可切负荷支路开关。

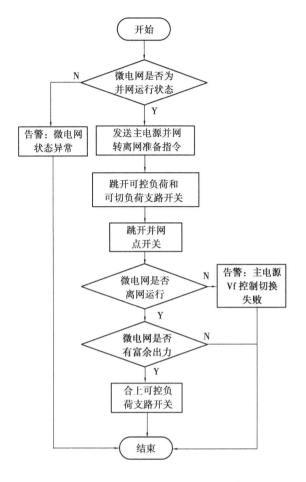

图 4.18　微电网并网转离网无缝切换控制流程

④跳开并网点开关。

⑤主电源收到并网点开关变位信号后立刻进入 Vf 控制模式,维持微电网电压、频率稳定,确保重要负荷供电。若切换失败,重要负荷失电,告知用户主电源 Vf 控制切换失败,结束控制,否则进入步骤⑥。

⑥根据可控负荷功率和分布式电源出力情况,检查是否有富余出力。若有富余出力,合上可控负荷支路开关,微电网运行状态切换控制结束。

与有缝切换相比,并/离网无缝切换策略更多地依赖微电网并网点开关与主电的配合,参与设备很少,切换时间大大缩短,这是实现故障情况下自动并/离网切换的基础。

**(3)外部电网故障情况下的自动并网切换**

微电网处于并网运行状态时,当外部电网发生故障,微电网在并网点保护装置的配合下,可以采用无缝切换的模式,自动由并网运行状态转为离网运行状态,使微电网内重要负荷的供电不受外部电网故障的影响。

微电网在外部电网故障情况下进行并/离网切换时,并网点保护可作以下设置:

①设置外部故障并/离网切换软压板。

②防孤岛保护联跳可控负荷和可切负荷支路开关。

③增加模式切换启动信号开关。

具体切换过程可采用的控制策略如下：

①并网点保护装置投入"外部故障并/离网切换软压板"，当外部电网故障时，并网点保护装置防孤岛保护启动，同时送出主电源模式切换启动信号，通知主电源做好控制模式切换准备。

②防孤岛保护动作，并网点保护装置跳开并网点开关，同时联跳可控负荷和可切负荷开关。

③主电源收到并网点开关变位信号后立刻进入 Vf 控制模式，维持微电网电压、频率稳定，确保重要负荷供电。

### 4.5.5　微电网离网运行转并网运行控制

微电网离网运行转并网运行控制是指外部电网供电恢复正常或根据情况需要微电网并网运行时，将处于离网运行模式的微电网转换到并网运行模式。微电网进行离/并网运行模式切换时，同样可以采用无缝切换和短时有缝切换两种策略。

在有缝切换模式下，微电网内各分布式电源退出运行，微电网停运，负荷短时失电。合上微电网并网点开关，负荷恢复供电，重新投入微电网内各分布式电源，恢复出力。

在无缝切换模式下，微电网重新并网，要解决的是微电网与外部电网的同期问题，要求并网时微电网与外部电网有相同的电压幅值、相位和频率。微电网同期并网需对并网点两侧的电压幅值、相位和频率 3 对参数进行监测并控制在可接受的范围内，一般允许幅值相差 ±5% $U_n$、相位相差 3°以内、频率相差 0.2 Hz 以内。

#### （1）有缝切换

微电网离网转并网有缝切换控制流程如图 4.19 所示，控制策略首先执行离网停运流程，当确认微电网停运后再执行并网运行流程。为减少重要负荷停电时间，离网停运与并网运行流程与前述相比适当简化，详细步骤如下：

①接收离网转并网有缝切换控制指令，检查微电网当前运行状态。若微电网当前运行状态为离网运行状态，进入步骤②，否则，告知用户微电网状态异常，结束控制。

②依次跳开可控负荷支路开关，下达除主电源外的各分布式电源停机指令，跳开重要负荷支路开关。

③下达主电源停机指令，检查微电网母线状态。若微电网母线无压，进入步骤④，否则，告知用户微电网电源停机失败，结束控制。

④合上并网点开关，检查并网点开关状态。若为分闸状态，进入步骤⑤；若为合闸状态，进入步骤⑥。

⑤检查并网点开关是否可控。若连续多次下达合闸指令后并网点开关状态仍然为分闸状态或下达合闸指令后有继电保护动作，则告知用户并网点开关合闸失败，结束控制。

⑥检查微电网母线电压是否正常。若母线电压正常，进入步骤⑦，否则，告知用户主微电网母线异常，结束控制。

⑦合上重要负荷支路开关，检查重要负荷支路开关状态。若为分闸状态，进入步骤⑧；若为合闸状态，进入步骤⑨。

⑧检查重要负荷支路开关是否可控。若连续多次下达合闸指令后重要负荷支路开关状态仍然为分闸状态或下达合闸指令后有继电保护动作，告知用户重要负荷支路开关合闸失败，进

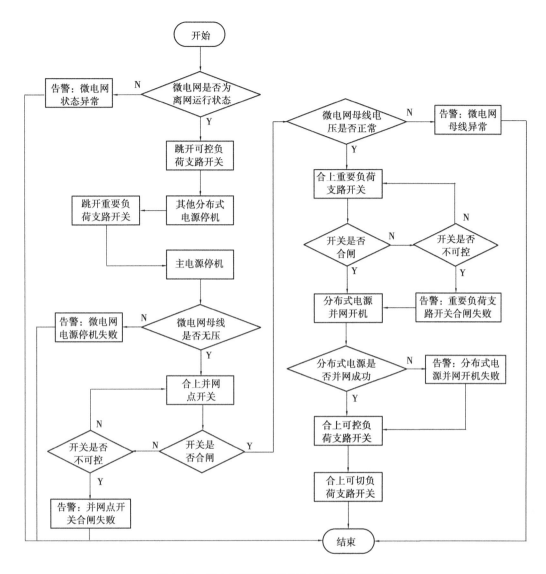

图4.19 微电网离网转并网有缝切换控制流程

入步骤⑨。

⑨下达各分布式电源并网开机指令,并检查分布式电源是否并网开机成功。若并网开机失败,则告知用户分布式电源并网开机失败,否则进入步骤⑩。

⑩依次合上可控负荷和可切负荷支路开关,微电网运行状态切换控制结束。

**(2)无缝切换**

微电网离网转并网无缝切换控制流程如图4.20所示,主电源需具备准同期功能,并网点开关需具备同期合闸的功能,详细步骤如下:

①接收离网转并网无缝切换控制指令,检查微电网当前运行状态。若微电网当前运行状态为离网运行状态,进入步骤②,否则,告知用户微电网状态异常,结束控制。

②向主电源发送离网转并网准备指令,通知主电源做好控制模式切换准备,主电源开始准同期过程,调整微电网电压满足并网条件。

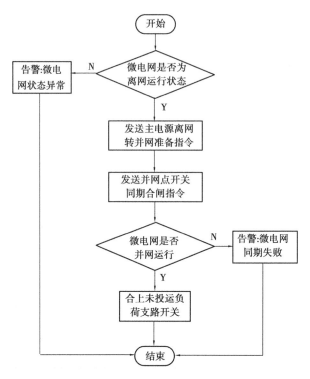

图 4.20　微电网离网转并网无缝切换控制流程

③发送并网点开关同期合闸指令,并网点同期装置检测到微电网母线电压满足并网要求后,立刻合上并网点开关。主电源检测到并网点开关为合闸状态后,立即由 Vf 控制切换到 PQ 控制模式。

④检查微电网是否进入并网运行状态。若微电网进入并网运行状态,进入步骤⑤,否则,告知用户微电网同期失败,结束控制。

⑤依次合上未投运负荷支路开关,微电网运行状态切换控制结束。

离/并网无缝切换控制策略执行的成功率主要取决于主电源的快速准同期能力和并网点开关的动作速度。同样,在并/离网无缝切换时,开关的动作速度越快,电压跌落的时间越短。越来越多的微电网选用固态开关作为微电网并网点开关,但是目前大容量固态开关价格昂贵,商业运营的微电网更多选用大容量快速框架式断路器作为微电网并网点开关。

**（3）外部电网故障恢复后的自动离/并网切换**

外部电网发生故障,微电网进入离网运行状态,当外部电网故障恢复后,检测到并网点系统侧电压和频率恢复正常,微电网重新并网进入并网运行状态。外部电网故障恢复后的自动离/并网切换过程可采用以下控制策略:

①完成"外部电网故障情况下的自动并/离网切换"后,监测并网点系统侧电压和频率,直到外部电网电压和频率恢复正常。

②检查微电网当前运行状态,若微电网当前运行状态为离网运行状态,进入"离/并网无缝切换步骤②",否则,告知用户微电网状态异常,结束控制。

# 第 **5** 章
## 微电网的保护技术

　　微电网是电/热能负荷和小容量微电源的集合,以配电电压作为一个可控单元运行。从概念上讲,微电网不能被看作传统意义上的配电网中加入了本地电源。在微电网中,微电源有足够的容量满足当地所有负荷的需求,微电网可以采用与电网同步(联网模式)和自主电力孤岛(独立模式)两种模式运行。其运行原则是,正常情况下微电网采用联网模式运行,当主电网发生任何扰动时,其将无缝地断开与主电网在公共连接点(PCC)处的连接并继续作为电力孤岛运行。如图5.1所示为典型的微电网网络保护系统。

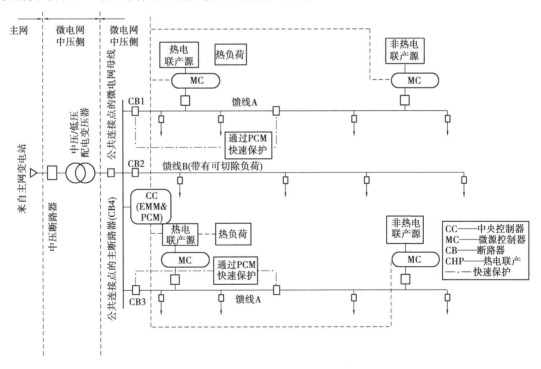

图5.1　典型微电网网络保护系统

## 5.1　概　述

微电网保护系统的设计是其广泛部署所面临的主要技术挑战之一,保护系统必须能够响应公共电网和微电网的所有故障。如果故障发生在公共电网,保护系统应尽快地将微电网从公共电网断开,起到对微电网的保护作用。断开的速度取决于微电网特定的用户负荷,但仍需要开发和安装适当的电力电子静态开关,另外,带方向过电流保护的电动断路器也是一种选择。如果故障发生在微电网内部,保护系统应隔离配电线路尽可能小的部分来清除故障。微电网在孤立运行期间可以进一步分裂为许多孤岛或者次级微电网(sub-microgrid),当然这需要有微电源和负荷控制器的支撑。

大多数传统的配电网保护基于短路电流检测。分布式电源可能改变故障电流的幅值和方向,从而导致保护误动作。直接耦合的基于旋转电机的微电源将会增大短路电流水平,而电力电子接口的微电源不能正常地提供过电流保护动作所需的短路电流水平。一些传统的过电流测量设备甚至不能响应这些低水平的短路电流,而即便能响应也需要数秒的时间,而不是保护要求的几分之一秒。在微电网的许多运行场合,可能会出现与保护系统的选择性(对应错误的、不必要的跳闸)、灵敏性(对应未检测到的故障)和速动性(对应延迟跳闸)相关的问题。

与微电网保护相关的问题在一些论著中已经有所提及。其主要的问题可以概括如下:

①短路电流大小和方向的变化,取决于是否有分布式电源接入。

②在分布式电源接入处,故障检测灵敏度和快速性都降低。

③分布式电源对故障的贡献导致电网断路器因邻近线路故障而产生不必要跳闸。

④增高的故障水平可能会超过开关设备目前的设计容量。

⑤配电线路断路器的自动重合闸和熔断器动作策略可能失效。

⑥基于换流器的分布式电源对故障电流贡献的减少导致保护系统性能降低,尤其当微电网从公用电网断开的时候更为明显。

⑦馈线保护和电力公司在故障穿越(Fault Ride Through,FRT)的要求上存在矛盾,而许多分布式电源渗透率高的国家的电网规程中对此有明确规定。

⑧含有分布式电源的环状和网状配电网拓扑的影响。

本章首先介绍了一种微电网保护解决方案,能够克服上面提到的一些问题。该方案基于自适应原理,根据提前计算或者实时计算出整定值,按照微电网的配置来改变保护的整定。其次分析了由专用设备带来的故障电流水平的增加,特别是电力电子接口的分布式电源主导的微电网在孤岛运行时的情况。最后讨论了可能用于限制故障电流的手段。

## 5.2　分布式电源故障特性

根据分布式电源类型不同,其接入方式可分为 3 种情况,如图 5.2 所示。

①直流电源。这类电源有燃料电池、光伏电池、直流风机等,发出的是直流电,如图 5.2(a)所示为直流电源接入系统图,通过逆变器并网。

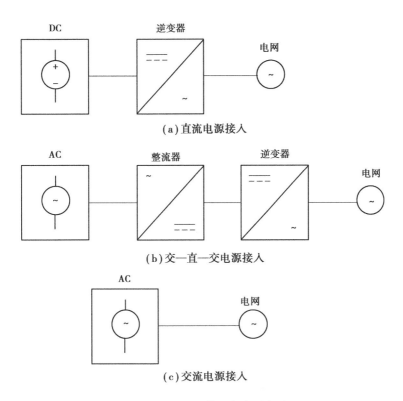

图 5.2　DG 电源接入方式示意图

②交—直—交电源。这类电源有交流风机、单轴微型燃气轮机等,发出的是非工频交流电,如图 5.2(b)所示为交—直—交电源接入系统图,需要先将交流整流后再逆变并网接入。

③交流电源。这类电源有异步风机、小型同步发电机等,发出的是稳定的工频交流电,如图 5.2(c)所示为交流电源接入系统图,不通过电力电子装置逆变器直接并网。

根据以上 3 种 DG 电源接入方式,接入方式分为直接并网和逆变器并网两种情况,其中分布式电源较多采用的是逆变器并网方式。

逆变器的控制策略分为恒功率控制(PQ)和恒压恒频控制(Vf)两种,并网运行时,分布式电源采用 PQ 控制模式;离网运行时,主分布式电源的逆变器采用 Vf 控制模式,从分布式电源的逆变器采用 PQ 控制模式。

采用 PQ 控制模式的逆变器,根据《光伏电站接入电网技术规定》及《并网光伏发电专用逆变器技术要求和试验方法》的过流与短路保护要求,故障时,逆变器输出电流不大于 $1.5I_n$ 三相短路时,故障电流小于 $1.5I_n$ 时,逆变器是恒功率电源,电流上升,电压下降;故障电流等于 $1.5I_n$ 时,逆变器是恒流源,经过逆变器自身保护时间,逆变器自动不输出,退出运行。发生不对称短路时,逆变器是恒功率正序电源,电流上升,两相短路时负序电压上升,单相接地时零序电压上升。

采用 Vf 控制模式的逆变器,在发生三相短路时,逆变器是恒压恒频电源,在输出功率小于最大功率时,电流上升,输出功率增大;在输出功率等于最大功率时,电压降低,逆变器的低压保护动作。发生不对称短路时,逆变器是恒功率正序电源,电流上升,两相短路负序电压上升,单相接地零序电压上升。

## 5.3　微电网的接入对配电网保护的影响

微电网接入配电网,使得传统的配电网结构由简单的环状或辐射状向复杂的网状结构发展,改变了配电网故障电流的大小、方向及持续时间,对配电网原有的继电保护将产生较大的影响。传统的配电网继电保护大部分是简单的三段式电流保护,这种类型的保护利用本地信息,通过时限配合即可实现某一配电区域的保护要求。但是在微电网接入的配电网中,不固定的运行方式使得保护定值整定困难,常规保护配置难以满足保护要求,带来运行、维护难度变大,建设成本增加等一系列问题。

接入 MG 的配电线路如图 5.3 所示,P1 和 P2 是保护设备,代表熔断器或断路器,两者均为反时限时间电流特性。

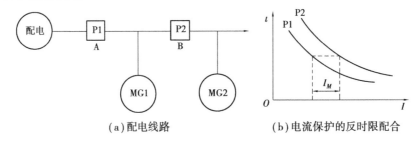

(a)配电线路　　　　(b)电流保护的反时限配合

图 5.3　电流保护配合中的 MG 接入

MG 接入后,出现下述情形:

①只接入 MG1。B 下游段故障,P2 流过故障电流增加,P1 流过故障电流减小,P2 的保护灵敏度变高,P1 和 P2 的配合不受影响;AB 段故障,保护配合不受影响,MG1 需离网运行;A 上游段故障,P1 流过反向故障电流,P1 动作,MG1 需离网运行。

②只接入 MG2。B 下游段故障,保护配合不受影响,MG2 需离网运行;AB 段故障,P1 流过正向故障电流,P2 流过反向故障电流,MG2 需离网运行;A 上游段故障,P1 与 P2 流过相同的反向故障电流,MG2 需离网运行。

③MG1 和 MG2 都接入。B 下游段故障,情形与①相似,MG2 需离网运行;AB 段故障,P1 流过正向故障电流,P2 流过反向故障电流,MG1、MG2 需离网运行;A 上游段故障,P1 比 P2 流过更多的反向故障电流,此时涉及一个边界值,若 P1 与 P2 的故障电流值相差超过图 4.3(b)中的 $I_M$,则 P1 先动作,P2 不再动作,否则 P2 先动作,接着 P1 动作,无论何种情形,MG1 和 MG2 都需离网运行。

通过上述分析可知:MG 的接入会造成某些保护设备的灵敏度降低,如只接入 MG1,B 下游段故障时,流过 P1 的故障电流会减小。保护设备流过反向故障电流时,为防止相邻馈线发生故障,保护设备理应不动作。保护设备流过反向故障电流过大时,有可能造成保护误动作。

## 5.4　微电网的自适应保护

### 5.4.1　简介

时限过电流保护配置非常简单并且价格低廉,是中压和低压配电网中常采用的保护方式。在含有分布式电源的网络中,过电流保护继电器检测到的过电流取决于接入点和分布式电源的类型及大小(馈入功率),在这些电网中,由于分布式电源(风电和太阳能)的间歇性和负荷的周期性,微电网的运行状态在不断变化,因而短路电流的方向和幅值也将不断变化。同时,为了实现经济(如网损最小等)和运行目标,电网拓扑也会经常发生变化。除此之外,主网或者微电网的内部故障会形成不同大小的可控孤岛。在这些环境下,继电器之间的协调可能会失效,只有一组整定值的普通过电流保护可能会变得不再适用,不能对所有可能的故障都保证动作的选择性。随着电网拓扑和位置而动态选定过电流保护的整定值是十分必要的,否则可能会出现误动或拒动。为了解决这个由分布式电源接入带来的问题,保护继电器的整定可以结合电流方向检测的过电流保护实现一种灵活的自适应。自适应整定意味着继电器特性的连续自适应调节或者保护整定值组(settings groups)的自动切换。

自适应保护定义为"通过外部产生的信号或控制行为在线实时地修改保护策略,以响应系统状态或要求的变化"。在笔者看来,切实实现微电网自适应保护的技术需求和建议有:使用数字式方向过电流继电器;所采用的数字式方向过电流继电器必须能够提供不同的脱扣特性(多组整定值,如用于低压的现代数字过电流保护有 2～3 组整定值),可以本地、远程、自动或者手动进行参数重置;使用新的/现存的通信设施(如双绞线、电力线载波或无线电)和标准的通信协议(Modbus、IEC 61850 等)。

通信时延和保护配置最大时延对于自适应保护来说并不是关键因素,因为通信基础设施只在故障前收集微电网的配置信息并相应地改变继电器的整定值。互锁功能在需要的情况下可以通过物理的点对点连接实现。对类似 Modbus 这样的主从协议,假设在过渡阶段具备基本的后备保护功能,网络配置的变化必须在 1～10 s 内鉴别出来(这取决于网络规模的大小),同时保护系统的重新配置必须在相同数量级的时间内完成。对类似 IEC 61850 这样的点对点网络协议,网络配置的变化可触发保护的重新配置,保护配置可接受的时延与主从类协议相等。

下面的章节给出了基于提前计算和"可信的"整定值组来进行微电网动态自适应保护设计的步骤,还讨论了一种基于实时计算整定值的自适应保护的设计方案。

### 5.4.2　基于提前计算整定值的自适应保护

如图 5.4 所示中的微电网,除了主要的开关设备,还包括一个微电网中央控制器(MGCC)和一套通信系统。MGCC 的功能可以通过位于二级配电变电所(MV/LV)的可编程序逻辑控制器(PLC)、工作站或一般的计算机实现。MGCC 与每个集成方向过电流保护的断路器采取主从结构。通信系统使用标准的工业通信协议 Modbus 和串行通信总线 RS-485,使这些断路器具备与 MGCC 交互信息的能力。通过轮询,MGCC 可以从各个断路器读入数据(电气量、状态),并在必要时修改继电器的整定值(脱扣特性)。

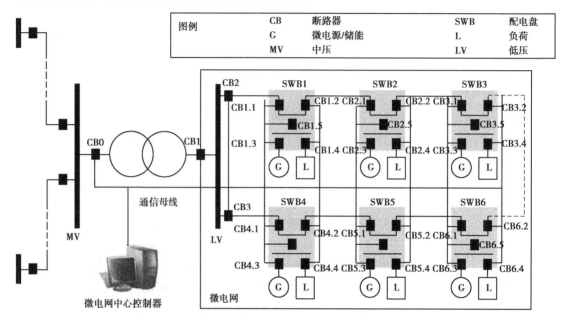

图5.4 集中式自适应保护系统

当故障发生时,每个继电器依照如图5.5所示的算法动作,并由本地决定是否跳闸(独立于 MGCC)。自适应模块的主要目的是保持每个过电流继电器的整定值与微电网当前的状态相符(同时考虑了电网配置和分布式电源的状态)。

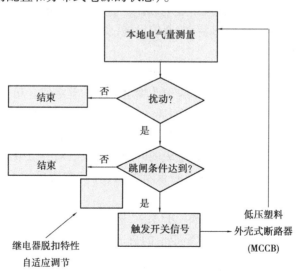

图5.5 断路器内的本地过电流保护功能

MGCC 自适应模块的任务是周期性检查并更新继电器的整定值,它主要包括两个部分:一是离线故障分析模块,它可提前对给定的微电网进行离线故障分析,得到事件表和动作表;二是在线运行模块。

为了进行离线故障分析,会建立一套事件表,用于记录微电网配置和分布式电源的馈入状态

（运行/停运）。事件表中的每个记录均包含一系列的元素,元素的数目与微电网监测的断路器数目相等(有些元素可能比其他元素的优先级高,如连接低压和中压电网的中心断路器),元素为二进制编码,即元素为 1 时表示断路器闭合,元素为 0 时表示断路器断开(图5.6)。

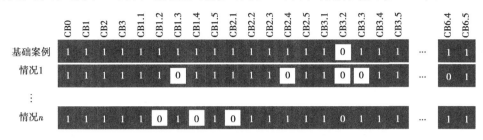

图 5.6　事件表结构

另外,流经所有被监测断路器的故障电流是通过对微电网的不同位置发生不同类型的短路故障(三相故障、相对地故障等)进行仿真获得的。通过更改微电网的拓扑或单个分布式电源或负荷的状态,反复计算短路故障电流。对微电网不同状态下、不同故障位置进行处理,将计算的结果(流过每个继电器故障电流的幅值和方向)以特定的数据格式记录下来。

基于这些结果计算出每个方向过电流保护继电器的整定值,适用于各种特定系统状态,可保证微电网保护的选择性。

将这些整定值收集到一个与事件表具有相同维数的动作表中。除了管理保护配置,还可以完成其他的行为,如激活保护功能,举例来说,在孤岛情况下,可以激活方向联锁功能。

微电网保护和控制系统体系分为以下几层:

①外部层代表电力市场价格、天气预报、启发式策略指令和其他电网信息。

②管理层包括历史测量值和配电管理系统(DMS)。

③配置层包括处于中心位置(变电站)或本地(配电盘)的工作站或 PLC,能够检测系统状态的变化并发送需要的动作指令给硬件层。事件表和动作表属于微电网保护与控制系统的配置层。

④硬件层通过通信网络从配置层传递需要的动作信息给现场设备。如果微电网的规模较大,这一功能可以分配给数个本地控制器,这些控制器只传递选定的信息给中心单元。

⑤保护层可能包括断路器的状态、整定值和联锁功能配置等信息。保护层与实时测量层一起内置于现场设备。

在线运行时,MGCC 通过监测方向过电流继电器来监测微电网的运行状态。这一过程周期性进行或通过事件触发(断路器跳闸、保护报警等),如图5.7 所示。MGCC 根据接收到的微电网状态信息构建状态记录(该状态记录与事件表中单个记录的维数相同),匹配事件表中的对应记录。算法从动作表对应的记录中获取提前计算好的继电保护整定值组,并通过通信系统上传给现场设备。MGCC 可以传递指令给现场的保护装置,来切换系统配置过程中预先存储在保护设备中的整定值组。

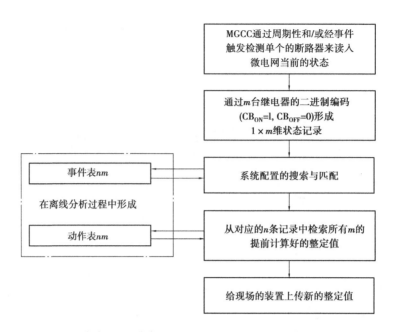

图 5.7　带参考表(事件和动作表)的在线自适应保护算法步骤

### 5.4.3　基于实时计算整定值的自适应保护系统

基于实时计算整定值的保护系统与采用提前定义好整定值的保护相对应,是一种集中式的可选方案,这种保护系统在微电网拓扑结构(电网结构或分布式电源连接状态)发生变化后马上进行整定值的再次计算。该方案可以基于多功能智能数字式继电器(Multifunctional Intelligent Digital Relay,MIDR)实现。当故障发生时,MIDR 产生选择性跳闸信号,并传递给相应的断路器。MIDR 允许分别对来源于设备和电网的模拟或数字信号进行连续实时的监测,并可以将状态估计程序集成到保护系统配置中,以监测分布式电源的运行状态,实现与保护系统之间的数据传递。从而可以对新的网络运行状态进行评估,对保护系统的运行状况进行分析,同时在需要的情况下对保护的整定值进行调整。如图 5.8 所示为已开发的自适应继电保护的算法。该流程包含两个模块,即实时模块和非实时模块。

实时模块利用连续参数测量得到的数据分析微电网的实际状态,并按已调整的保护装置脱扣曲线检测电网扰动。一旦检测到跳闸条件,MIDR 产生跳闸信号,并传给相应的断路器。非实时模块利用分布式电源的有效预测数据来检验每个新运行状态下脱扣曲线的选择性,并进行相应调整。如果调整成功并且没有超出边界条件的限制,那么将对各个继电器的脱扣特性进行匹配。如果没有解决方案能够满足边界条件,就会产生一个信号拒绝接受(分散式的)能量管理系统(DEMS/EMS)所预测的运行方案。

所提出基于保护整定值在线计算的微电网自适应保护方案在弗劳恩霍夫风能与能源系统技术研究所(Fraunhofer IWES)的 1 010.4 kV 仿真平台上进行了测试和验证。该仿真平台配备了光伏发电系统、热电联产单元、柴油发电机、风电场模型和不同种类的逆变器。

在测试的初始阶段,MIDR 综合了 DEMS 和中压/低压站控制器的功能。对每条馈线都有一个单独的基于 MySQL 服务器的数据库服务。互联的分布式电源的数据(如分布式发电单元提供的短路功率)和实际微电网的配置都存储在这些数据库中。分布式电源的实际接入状态

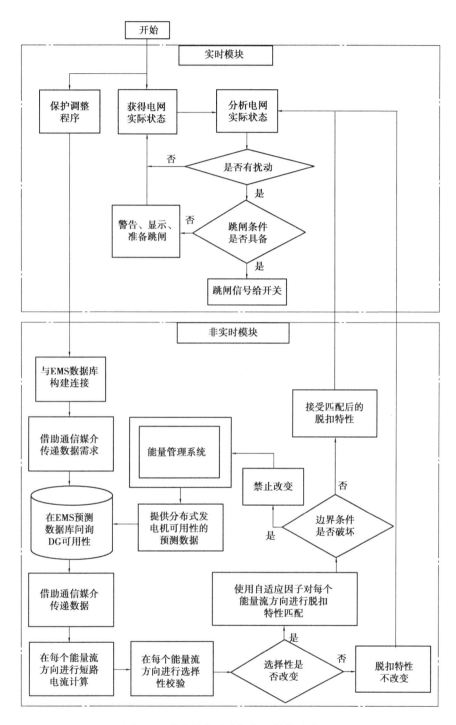

图 5.8　简化的自适应保护系统算法流程图

和短路功率分别存储在各自的数据库中并与 MIDR 进行连续通信。MIDR 和数据库服务器之间的通信可以通过 PLC 或以太网实现。MIDR 基于所需求的运行数据(不同电网区域的分布式电源的短路功率)和主电网提供的实际短路功率,计算可能的短路电流并在需要的时候对保护整定值进行适应性调整。根据保护特性和电流电压互感器提供的测量信号,MIDR 判断是否存在故障,并且在需要时给相应的断路器传递跳闸信号。在这种方法中,MIDR 扮演着集中式保护控制器的角色,这就限制了它在单个变电站情况下的应用。对距离较远的断路器,需要可靠的、高带宽的通信信道,而通信技术可能成为快速故障检测和隔离的瓶颈。

微电网由并网切换为孤岛时,保护整定值将由连接的分布式电源的变化而调整(即分布式电源提供的短路电流发生变化),这是因为有些分布式电源位于连接点的上游。MIDR 连续地监测分布式电源的可用性(数据库服务器中可用的相关数据)和主网的可用性(如果可以),并估计每个方向的短路电流大小。在测试期间,自适应调整估计需用几秒的时间完成。

所提出的自适应保护方法没有考虑架空线路为非永久性故障而设置的自动重合闸功能。自适应继电器和 EMS 之间的长距离数据传递对该方法有特别的现实意义。通过电力线载波(Power Line Carrier,PLC)和局域网(Local Area Network,LAN)进行通信是可行的选择。对于实际的应用而言,长距离通信应该考虑无线微波通信。

对配电网自适应网络保护的实现,现存的通信系统和方式仍然可以采用。IEC 61850 标准允许通过阶段性发送电报的方式进行实时通信。如果发送单元状态突然发生变化,电报(Genetic Object Oriented Substation Event,通用的面向对象的变电站的事件,即 GOOSE 信息)将会在状态发生变化后几毫秒内发送。这样一来,可以实现微电网状态变化的快速检测,其通信连接可以通过通用接口(RS-485 和光纤等)和协议建立。

## 5.5　微电网的接地保护

### 5.5.1　交流微电网接地形式的选择

交流微电网接地形式的选择需要考虑低压配电网中的常用形式、微电网用户的需求等问题。不同的接地形式有不同的特点,用户需要根据自身的需求进行选择。

(1)TN 系统

TN 系统为接零保护系统。电气设备的金属外壳与工作零线相接。在采用 TN 系统的地区,微电网宜采用 TN 接地形式,其要点总结如下:

①微电网不宜采用 TN-C 系统。

②当变电所位于建筑物之内时,建议微电网采用 TN-S 系统,并实施等电位连接。

③当变电所位于建筑物之外时,建议微电网采用 TN-C-S 系统(前一部分是 TN-C 方式供电,而后一部分采用 TN-S 方式供电),并实施等电位连接。

(2)TT 系统

在采用 TT 系统(保护接地系统,电气设备的金属外壳直接接地)的地区,微电网宜采用 TT 接地形式,TT 系统尤其适用于无等电位连接的户外场所,如户外照明、户外演出场地、户外集贸市场等场所的电气装置。

(3)IT 系统

IT 系统(不接地系统,无中性线引出)供电可靠性较高,但存在一些问题,如 IT 系统不宜配出 N 线,因为一旦配出 N 线,当 N 线绝缘损坏而接地时,绝缘监视器不易发现,导致故障潜伏,IT 将变成 TN 系统或 TT 系统,失去了 IT 系统供电可靠性高的优点,它只能提供 380 V 线电压,要获得 220 V 电压必须使用变压器,增加成本。IT 系统通常用于对供电可靠性要求高和某些电气危险大的特殊场合,如医院手术室、矿井等。这些场合的微电网中微电源都不配出中性线,中性点也不接地,微电源外露可导电部分接地。

### 5.5.2 直流微电网接地形式

直流系统也可以分为 TN(包括 TN-S、TN-C、TN-C-S)系统、TT 系统以及 IT 系统。直流系统的正负极可以有一极接地,也可以都不接地。这取决于运行环境的要求,或者其他考虑,如为避免接地系统导体腐蚀的问题。

(1)TN-S 系统

直流 TN-S 系统如图 5.9 所示,在整个系统中接地的导线(类型 a)、中点导线(类型 b)及保护线 PE 是分开的,设备外露可导电部分接到保护线 PE 上。

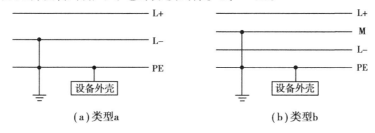

图 5.9 直流 TN-S 系统

(2)TN-C 系统

直流 TN-C 系统如图 5.10 所示,在整个系统中,类型 a 接地的导线和保护线是合一的,称为 PEL 线;类型 b 接地的中点导线和保护线是合一的,称为 PEM 线;设备外露可导电部分接至 PEL 或 PEM 线上。

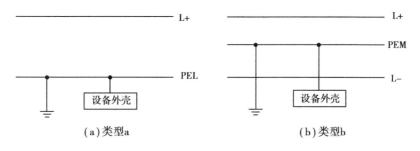

图 5.10 直流 TN-C 系统

(3)TN-C-S 系统

直流 TN-C-S 系统如图 5.11 所示,接地的导线(类型 a)和中点导线(类型 b)及保护线有一部分是合一的,在某点分开后就不再合并;对类型 a,设备外露可导电部分接至 PEL 或 PE 线上;对类型 b,设备外露可导电部分接至 PEM 或 PE 线上。

(4)TT 系统

直流 TT 系统如图 5.12 所示,对类型 a,其中一极引出的导线接地,设备外露可导电部分接至单独的接地极上;对类型 b,中点引出线接地,设备外露可导电部分接至单独的接地极上。

(5)IT 系统

直流 IT 系统如图 5.13 所示,直流电源的正负极都悬空,或者其中的一极通过高阻抗接地,设备外露可导电部分接至单独接地极上。

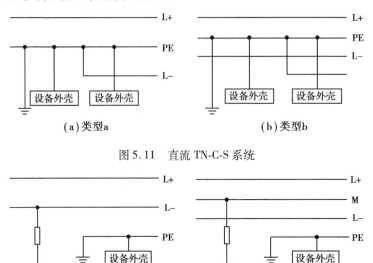

（a）类型a          （b）类型b

图 5.11   直流 TN-C-S 系统

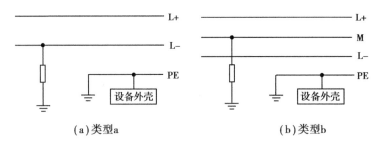

（a）类型a          （b）类型b

图 5.12   直流 TT 系统

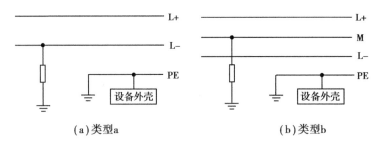

（a）类型a          （b）类型b

图 5.13   直流 IT 系统

### 5.5.3   中性点接地要求

中性点接地系统必须要确保微电网在孤岛状态下或者独立模式运行时得到有效的故障保护、绝缘完整性以及安全性。微电网中性点接地系统的设计和发展应考虑以下几点：

①当中压/低压（MV/LV）配电变压器为△-Y连接方式时,如何为独立微电网的中压系统提供有效的中性点接地。

②如何向独立微电网的低压配电系统提供有效的中性点接地,尤其是当 MV/LV 配电变压器为 Y-接地/Y-接地的连接方式时。

③如何做到微电网中压系统接地和向微电网供电的主电网馈线系统接地之间的相互兼容。

④微电网中性点接地系统是否符合现有 DER 设施的接地要求。

设计微电网中性点接地系统需要对不同配电变压器连接方式带来的接地系统有效性和适用性影响有透彻的认识。

#### （1）互联变压器的接线方式

大部分电力公司在其 MV 多点接地的 Y 形连接配电网中的配电降压变压器都是采用 Y-

接地/Y-接地的连接方式。虽然这种连接方式有利于向传统负荷用户供电,但是这可能会给有互联微电源的微电网运行带来一些问题。对微电网,应该考虑其他的连接方式,如 Y-△ 连接或者 △-△ 连接。在确定配电变压器的连接方式时,必须考虑以下几个因素:①反馈电压和避雷器额定值;②接地继电器的配合;③馈线负荷不平衡;④馈线的接地继电器;⑤对接地变压器的要求;⑥低压系统故障电流等级。

1)反馈电压和避雷器额定值

传统的中压配电网均为有效接地,对 MV/LV 配电变压器通常中压侧为 Y-接地连接方式,而低压侧为 △ 接线方式。整个系统的 $X_0/X_1$ 比值通常小于或等于 3.0。80% 额定值的避雷器可适用于沿馈线的任何地方,包括微电网的中压系统。微电源的存在,使得独立微电网的接地情况变得稍显复杂。如果在中压系统发生单相接地故障,微电网会在 PCC 处自动与主电网解列,从而将主电网变电站的接地源完全从微电网中断开,但是微电网中压系统将依然由微电源供电。在这种情况下,接地和可能的过电压状况将主要取决于微电源变压器的连接方式以及微电源本身的接地情况。然而,一台 Y-接地/△接线方式的变压器(低压侧为 △ 接线)可让中压系统有效接地并且 $X_0/X_1$ 比值小于 3.0,变压器本身提供了一个接地源。在这种情况下,80% 的避雷器都是可以有效使用的。

Y-Y 连接的变压器本身并不是接地源,而是零序电流的流通路径,针对反馈情况的网状接地状况依赖于微电源本身的接地。如果是直接接地并且存在零序阻抗,那么 $X_0/X_1$ 的比值将小于或等于 3.0,可以安全使用 80% 额定值的避雷器。但是如果没有接地或者是经阻抗接地,那么 $X_0/X_1$ 的比值将非常大,中压系统的健全相电压甚至可能超过正常的线电压。在这种情况下,应使用满额定值避雷器。△-△ 连接以及 Y-△ 连接的变压器(Y 形连接绕组应该连接在微电源侧)永远不会成为系统的接地源。对这样的连接方式,应在馈线上连接接地装置(Grounding Bank)以限制过电压,或者将整条馈线上 80% 额定值的避雷器全部换为满额定值的避雷器。在采用相中性线连接的变压器的微电网中,需要认真研究过电压对其他电气设备的影响。

如果微电源为同步发电机,保持馈线有效接地(在中压系统接地故障时切除微电源期间)的一种方法是经电抗器接地,以保证系统 $X_0/X_1$ 的比值小于或等于 3.0。虽然发电机中性点直接接地更容易实现,但是在此情况下,单相接地故障电流将大于三相故障电流,这是由于发电机的 $X_0$ 通常比 $X_1$ 小。大容量发电机不允许直接接地。小的微电源可能不会受到这一限制,但是制造厂家还是要考虑微电源在直接接地的条件下能否运行。

2)接地继电器的配合

继电器、自动重合闸以及熔断器串联在配电线路上,它们应该协调配合以确保距离故障处更远的设备有更长的跳闸时间。对微电源,应按以下顺序进行故障跳闸(跳闸时间从低到高排列):低压断路器或者微电源接触器→微电源断路器上游的重合闸熔断器→微电网公共连接点处主线路断路器→配电变压器中压侧的设备→电网变电站线路断路器。

这意味着对某些故障,最上游设备的动作时间可能会非常长。

如前所述,就联网运行的微电网而言,发生三相故障、相间故障以及连续的相接地故障,其保护设备可能不会有任何配合问题。在上述情况下相故障电流与负荷电流之间的比值非常大。但是这一比值对于高阻抗单相接地故障而言可能还不够大,可能导致故障检测灵敏度的降低。在这种情况下,Y-△ 连接的变压器能够阻隔零序电路,会比 Y-Y 连接的变压器更有优势。对 Y-△ 连接的变压器,当低压微电源系统发生故障时零序电流是无法流入馈线的。中压接地故障继电器为了更快地动作可能会设置一个较低的动作电流,它们无须与微电源接地继电器配合。

3)馈线负荷不平衡

在正常状态下大部分配电馈线的运行负荷几乎都是平衡的,但是一些故障(如有意或者无意地断开单相支路)可能会使馈线电流变得不平衡。在这种情况下,作为接地源的低压侧为 △ 绕组(微电源侧)的 Y-△ 变压器很有可能会产生不平衡负荷电流。而采用变压器 Y 绕组中性点经电抗器接地的方案,可缓解馈线不平衡过电流的状况。安装的电抗器增加了变压器的有效零序电抗,从而减少了流过变压器的不平衡电流的百分值。虽然 Y-Y 变压器的情况没有 Y-△ 变压器严重,但是同样会受到馈线负荷不平衡带来的影响。

4)馈线的接地继电器

①对于馈线而言,Y-△ 变压器低压侧的绕组可作为自身的接地源,它可以将一些来自变电站接地继电器的零序故障电流分流。这不应该成为一个大问题,因为依然有足够的电流使接地继电器动作。但是如果微电源短路产生了足够的电流使得电源侧接地继电器根本不动作以及熔断器保护使变压器断路器或者重合闸不能正确动作,就可能出现问题了。在这种情况下,快速跳闸元件的动作时间应稍作延迟,以保证在首次跳闸之前熔断器能够动作。

②对于微电源而言,△-△ 连接以及 Y-△ 连接的变压器能够有效地将微电源零序回路与中压系统隔离,如果在变压器低压侧检测到任何零序电流或电压,则表明微电源发生了故障。检测中压侧是否发生接地故障需要测量变压器中压侧的 $E_0$、$I_0$ 或者两者都测量。在这种情况下,Y-△ 连接变压器的 Y 形绕组是与中压侧连接的,在变压器中性点处安装一台电流互感器可以非常容易地得到 $I_0$。然而如果三角形绕组连接中压侧,那么通过与微电源连接的变压器中压侧的电压互感器开口三角可测得 $E_0$。对 Y-Y 连接的变压器,可以通过测量微电源变压器低压侧的 $I_0$ 和 $E_0$ 非常容易地检测到中压侧接地故障。对于 Y-△ 连接的变压器需要连接中压侧检测设备来说,这无疑是更经济的选择。然而,仅仅使用 $E_0$ 很难确定是低压侧或中压侧发生了故障,虽然两种情况都要跳闸,但在对故障准确定位时可能会出现混淆。

5)对接地变压器的要求

当微电源通过 △-△ 连接或者 Y-△ 连接变压器互联形成有效的接地源时,较之改变主配电变压器的连接方式,安装接地变压器是更为经济的选择。在这种情况下,对接地变压器的阻抗要求在很大程度上取决于微电源的千伏安额定值。接地变压器的千伏安额定容量会远远小于主配电变压器。安装接地变压器还允许选择 $X_0$ 的最优值,而不依赖主变压器的阻抗值。

6)低压系统故障电流等级

联网运行微电网低压系统的三相和相间故障短路电流的大小,并不会受到变压器连接方式的影响。但是,对单相接地短路故障电流的影响却非常明显。根据微电源接地方式的不同,对使用 Y-Y 连接变压器的系统,单相接地故障电流的大小通常为变压器满负荷电流的 15 ~ 25 倍。而对 Y-△ 连接的变压器,其对应的故障电流要远远小于 Y-Y 连接的变压器,而且仅受到微电源中性线阻抗的限制。如果微电源直接接地并且中性点在低压侧,Y-△ 连接变压器的故障电流会受到微电源自身阻抗的限制。△-△ 连接变压器产生的故障电流等级与 Y-△ 连接组别的相同,而 Y-△ 连接变压器(Y 绕组连接在微电源侧)却能提供和 Y-Y 组别一样的电流。

**（2）接地系统的选择**

任何特定的变压器连接方式都不具有优越性，微电网应该设计适合自身配电变压器互联方案的接地系统。如果采用 Y-接地/△变压器，那么微电网将保持有效接地，即使在微电网解列变为孤岛运行期间也如此。但是如果使用 Y-接地/Y-接地变压器，那么接地的有效性将取决于微电源的接地系统，假设条件为它们都直接与同步发电机相连。如果微电源存在电力电子接口，那么将很难确定发生单相接地故障的微电网系统的阻抗特性。

接地系统的选择通常并不是仅由 MV/LV 变压器连接方式决定的，还取决于主电网对接地配合的要求。如果需要，针对在公共连接点（PCC）处的隔离还需设计一些将接地系统快速接入的措施。

# 第**6**章

# 微电网的能量管理技术

不同于大电网的能量管理,微电网能量的不确定性和时变性更强。微电网能量管理包括数据收集、能量优化和配电管理。微电网能量优化管理需要解决的问题主要包括新能源的随机调度问题和分布式电源的机组组合问题(Unit Commitment,UC)。新能源随机调度问题的关键技术是通过分布式发电功率预测技术和负荷预测技术将不确定的能量优化问题转换成确定性问题。机组组合问题是指根据各机组的运行成本为其分配在调度周期内各个时段最优的运行状态,其中涉及优化建模技术和优化算法。为实现微电网的能量管理,需要实现分布式发电功率预测、负荷预测,并在此基础上建立微电网能量管理的元件模型,进而进行能量优化计划,保障微电网的经济稳定运行。

## 6.1 概 述

微电网具有系统电源种类多、间歇性发电占比大、运行经济性要求高等特点,分布式电源需要应用能量管理技术,但目前的能量管理、经济运行等功能主要是在实验系统或示范工程中运行。

微电网运行控制与能量优化管理和传统大电网经济调度存在明显的差别。首先,分布式电源中的太阳能、风能等可再生能源受气候因素影响很大,具有较大的随机性,调度控制难度较大。其次,不同类型、容量的分布式电源运行和维护成本大相径庭,需要区别对待。

### 6.1.1 电源/能量管理策略要求

微电网是分布式电源接入电网的一种模式,同时是给较为困难地区供电的重要手段,其能量管理系统需要根据微电网的应用场合考虑短期功率平衡和长期能量管理两个方面的内容。

**(1)短期功率平衡**

短期功率平衡的内容包括以下方面:

①有较强的动态响应能力,能够实现电压/频率的快速恢复。

②能够满足敏感负荷对电能质量的要求。

③能够实现负荷追随、电压调整和频率控制。

④能够实现主电网恢复后的再同步。

**（2）长期能量管理**

长期能量管理的内容包括以下方面：

①考虑分布式电源的特殊要求及其限制，包括分布式电源的类型、发电成本、时间依赖性、维护间隔和环境影响等。

②维持适当水平的电量储备能力，安排分布式电源的发电计划使其满足多个目标。

③提供需求响应管理和不敏感负荷的恢复。

微电网的运行方式、电力市场和能源政策、系统内分布式发电单元的类型和渗透率、负荷特性和电能质量的约束，与常规电力系统存在较大的区别，需要对微电网内部各分布式电源单元间、单个微电网与主网间、多个微电网间的运行调度和能量优化管理研究制订出合理的控制策略，以确保微电网的安全性、稳定性和可靠性，保证微电网高效、经济地运行。

## 6.1.2　能量管理的内容

根据微电网能量优化管理需要解决的关键技术，可以将微电网的能量管理分为分布式发电功率预测、负荷管理、发用电计划等方面。分布式发电功率预测结合负荷管理中的负荷预测技术，通过预测方法将能量优化中的不确定性问题转换成确定性问题。通过建立微电网中各关键元件的模型，可采用优化算法得出优化计划结果，取得高效、经济的发用电计划。

①分布式发电功率预测技术主要是针对光伏发电和风力发电两种发电形式进行功率预测，一般包括短期预测和超短期预测。分布式发电功率预测系统一般通过资源监测数据和气象预报数据进行预测，得出适用于微电网能量管理的数据，为能量优化计划提供数据支撑。通常光伏发电和风力发电功率预测系统的建设需要进行资源监测和气象预报。对于较小规模的微电网来说，发电功率预测系统的建设可能导致微电网能量管理系统成本增大。目前大多数微电网能量管理系统的发电功率预测应用还较少。

②微电网中的负荷管理包括负荷分级、负荷预测等内容，负荷通常根据微电网的应用场合进行分级，可分为重要负荷、可控负荷、可切负荷等，或者按负荷分级标准分为 1 级、2 级、3 级负荷。负荷预测技术是微电网负荷管理的重要内容，微电网中负荷种类与配电网相比较少，统计规律性较小，其随机性更大，在微电网中进行负荷预测的难度相对较大。

③在微电网负荷预测技术中，除了根据传统的负荷预测方法得出将来负荷用电功率以外，还需要考虑发用电计划的安排情况，进而能够符合微电网能量管理与分析的需求。

## 6.1.3　能量优化计划的内容

微电网能量优化计划的内容包括光伏发电、风力发电、微型燃气轮机、燃料电池、同步电机、储能、负荷等的发用电计划，需要对相关设备进行建模，这些模型与暂态控制模型的偏重有所不同，暂态控制模型主要对元件的电压、电流等特性进行描述，而能量管理的元件模型主要对元件的功率和能量进行建模描述。微电网能量管理元件模型是能量优化目标函数的重要组成。

微电网能量优化计划在取得发电功率预测数据、负荷预测数据的基础上，通过能量管理元件模型建模形成微电网能量管理优化计划模型，以微电网运行安全为约束，以经济运行为目标，采用优化算法，算出未来一段时间的发用电计划，控制各发用电设备按计划运行，实现微电网的安全、经济运行。

### 6.1.4 微电网能量管理系统

目前现有的微电网能量管理系统在数据采集、状态监测等基本功能方面已经比较成熟,而在协调控制、能量优化、网络分析等高级应用功能方面,仍属于探索阶段,尚未形成清晰的技术领导者。如何合理设计并开发微电网能量管理系统,使之能够保证系统在不同运行模式、不同时序和不同约束下的安全稳定与经济运行,是为了适应微电网技术发展而急需解决的关键问题。

微电网能量管理系统是微电网优化控制的核心,主要负责微电网运行状态监测、多源协调控制和能量优化管理。

微电网监控系统主要应用于微电网系统内多种分布式电源/储能/负荷的协调控制、微电网系统的优化运行和能量管理。系统集成了短期甚至超短期的可再生能源的发电预测和负荷需求预测、机组组合、经济调度、实时管理、运行状态平稳切换以及各种运行控制等应用软件。其主要功能是在保证系统电能质量的前提下,通过在线优化智能调度实现微电网中多种 DG单元、储能单元和负荷之间的最佳匹配,实现多种 DG 单元的灵活投切,实现微电网在孤岛与并网两种运行模式下的稳定运行及模式之间的平滑转换控制。

**(1)能量管理系统控制结构**

微电网运行控制与能量管理系统架构分为就地控制层、中央控制层和能量管理层 3 个层次。

①微电网就地控制层。光伏逆变器、风电逆变器、储能逆变器、微型燃气轮机逆变器、负荷侧实时将所采集数据上传到微电网控制器,同时接收微电网控制器下发的微电网控制策略指令,解析指令信息获取控制指令,控制所连接的接触器、断路器、二次设备保护装置等执行单元进行响应。

②微电网中央控制层。接收所连接的各个终端上传的数据,根据预先设定的微电网控制策略进行逻辑判断,得到微电网控制判据执行指令后,返回控制指令给相应的终端控制器。通过以太网接入微电网能量管理系统,利用 TCP/IP 协议上传微电网实时数据给微电网能量管理系统。

③微电网能量管理层。全面监视整个微电网设备的运行情况,实时分析微电网的运行情况并实时更新计算整个微电网优化、经济运行结果,同时实现微电网重要数据的实时存储,并可将数据上传至上级调度系统。

微电网的控制方法目前主要有主从控制、对等控制和多代理控制等方法。以主从控制方法为例,根据集中管理和分散控制的思想,对设备进行分层/分级控制,通过对风力发电、光伏发电、储能装置和负荷的协调控制,实现系统的稳定优化运行。控制系统结构具体分为配电网调度层、微电网集中控制层和就地控制与保护层。配电网调度层主要负责下发调度指令,集中控制层微电网主站负责能量管理策略的制订,微电网控制器负责优化协调控制,底层分布式电源/储能/负荷负责供用电调节的执行。其中,参与协调控制的设备,如各类逆变器和测控终端,通过微电网控制器接入微电网能量管理系统;不参与协调控制的设备,如环境检测仪、电能质量分析仪等,通过通信管理机接入微电网能量管理系统。

**(2)微电网能量管理系统结构**

系统平台是微电网能量管理系统运行的环境,包括硬件环境和软件环境,具体结构分为硬件系统层、操作系统层、支撑平台层和功能应用层,如图 6.1 所示。

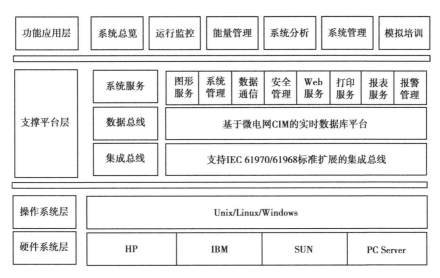

图 6.1　平台架构图

①硬件系统层。系统在网络结构、计算机硬件的配置上都遵循开放性的原则,采用分布式结构,以达到系统的可扩充性、可维护性。

②操作系统层。支持 Unix/Linux/Windows 操作系统,可采用混合平台架构。

③支撑平台层。系统建立在扩展微电网 CIM 的支撑平台之上。支撑平台可分为系统集成总线、基于实时数据库和商用关系数据库的数据总线以及通过集成总线和数据总线提供的公用系统服务。

④功能应用层。该层包括系统总揽、运行监控,能量管理、系统分析、信息管理功能模块。

**(3)微电网能量管理系统功能结构**

为了更好地监控系统,优化资源并完成业务处理,系统应用功能主要包括系统总览、运行控制、能量管理、系统分析、系统管理和模拟培训等功能模块,如图 6.2 所示。其中运行控制、能量管理、系统分析为核心功能,三者的关系如图 6.3 所示。

图 6.2　功能架构图

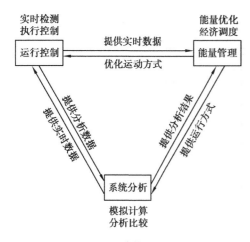

图 6.3　功能关系图

①系统总览。具有整个微电网系统综合信息展示功能,可反映微电网运行监控状况和能量优化管理情况,主要包含系统结构、功率曲线、状态环境等模块。

②运行控制。具有对分布式电源/储能/负荷进行监视、测量和控制的功能,可为系统分析模块提供分析数据,执行能量管理模块传达的协调控制指令,主要包含微电网 PCC、储能系统、负荷系统等模块。

③能量管理。是根据分布式发电预测和负荷预测结果,结合运行监控模块实测数据和系统分析模块分析结果,确定分布式电源、储能、负荷的协调优化控制策略,主要包含能量优化、风电预测、负荷预测等模块。

④系统分析。主要是根据监测数据进行实时态、研究态、历史态下的状态分析、安全分析、经济分析和需求分析。

⑤系统管理。对系统内的设备运行信息、保护信息进行集中显示,对报警事件、操作日志、报表图形等进行操作管理。

⑥模拟培训。对系统管理人员进行培训,模拟各种运行工况,进行操作控制。

## 6.2　分布式发电功率预测

### 6.2.1　功率预测原理

目前分布式发电大多采用风力发电和光伏发电两种形式,其发电功率大小具有很强的随机性,为了提高微电网的可靠性和经济性,有必要对微电网中的分布式发电进行功率预测。风力发电与光伏发电预测技术具有一定的共性,采用风电场、光伏电站的历史功率、气象、地形地貌、数值天气预报和设备状态等数据建立输出功率的预测模型,以气象实测数据、功率数据和数值天气预报数据作为模型的输入,经运算得到未来时段的输出功率值。根据应用需求的不同,预测的时间尺度分为超短期和短期,分别对应未来 15 min ~ 4 h 和未来 0 ~ 72 h 的输出功率预测,预测的时间分辨率均不小于 15 min。

以全球背景场资料 GFS、气象监测数据为输入源,运行中尺度天气预报(the Weather Research and Forecasting,WRF)模式,并将模式结果进行降尺度的精细化释用,生成气象短期预报数据,以实测气象数据校正后的气象预测值作为功率转化模型的输入,实现功率短期预测。

风力发电和光伏发电功率超短期预测建模方法一般是基于气象监测数据和电站监控数据,利用统计方法或学习算法建立功率超短期预测模型。对光伏发电,由云引起的功率剧烈变化很难用统计方法实现准确预测。这一问题的解决,需要对云和地表辐射进行长期的自动监测,通过云的预测和云辐射强迫分析,结合光电功率转化模型实现电站功率超短期预测。

### 6.2.2 功率预测方法

目前国内外已经提出很多用于新能源发电功率预测的方法,常用的新能源发电功率预测方法有物理预测方法、统计预测方法和组合预测方法。其中:①物理预测方法主要通过中尺度数值天气预报的精细化使用,进行场内气象要素计算,并建立风/光发电转化模型进行功率预测;②统计预测方法是基于历史气象数据和电站运行数据,提取功率的影响因子,直接针对发电功率与影响因子的量化关系进行建模;③组合预测方法是在多种预测方法的基础上,通过综合利用各种方法预测结果来得出最终的预测结果。

**(1)物理预测方法**

物理预测方法主要是根据数值天气预报结果来模拟风电场范围内的天气,并将预测到的风电场内风向、风速、大气压、空气密度等天气数据结合风电机组周围物理信息与风电机组轮毂高度等信息建立物理预测模型,最后利用风电机组功率曲线得到预测功率。物理预测方法预测风电功率时,往往要考虑尾流效应的影响。从空间角度来看,风速序列表现出无规律、大幅度的波动;从时间角度来看,风速包含的趋势分量取决于大气分量的持续性,而随机分量取决于大气运动情况,难以建立普适性的物理模型进行分析和预测,给预测结果带来了无法避免的误差。

在光伏发电预测中,物理预测方法是根据光伏电站所处的地理位置,综合分析光伏电站内部光伏电池板、逆变器等多种设备的特性,得到光伏电站功率与数值天气预报的物理关系,对光伏发电站的功率进行预测。该方法建立了光伏电站内部各种设备的物理模型,物理意义清晰,可以对每一部分进行分析。

由于物理预测方法是建立在数值天气预报之上,因此预测结果往往取决于数值天气预报结果的准确性。

**(2)统计预测方法**

统计预测方法不考虑发电机组所在区域的物理条件和光照、云层、风速、风向变化的物理过程,仅从历史数据中找出光照、风速、风向等气象条件与发电功率之间的关系,然后建立预测模型对分布式发电功率进行不同时段内的预测。常用的统计预测方法主要有卡尔曼滤波法、自回归滑动平均法、时间序列法、灰色预测法、空间相关法等。该方法短时间预测精度较高,随着时间增加,预测精度下降。统计预测方法一般需要大量的历史数据进行建模,对初值较敏感,进行平稳序列预测精度较高,对不平稳风和阵风的预测精度较低。

另外,该方法能够较好地反映风电功率的非线性和非平稳性,预测精度较高。目前应用于功率预测的学习方法主要有人工神经网络、支持向量机等。

**(3)组合预测方法**

组合预测方法的基本思想是将不同的预测方法和模型通过加权组合起来,充分利用各模型提供的信息,综合处理数据,最终得到组合预测结果。分布式发电功率组合预测方法,就是将物理预测方法、统计预测方法等模型适当组合起来,充分发挥各方法的优势,减小预测误差。一般来讲,混合方法建立的模型预测精度较好,但模型复杂。

组合预测方法的关键是找到合适的加权平均系数,使各单一预测方法有效组合起来。目前应用较多的方法有等权重平均法、最小方差法、无约束(约束)最小二乘法、贝叶斯法(Bayes)等。

### 6.2.3 功率预测应用

风电、光伏功率预测功能一般以软件模块作为微电网能量管理系统的有机组成部分,在预测风电、光伏发电功率的同时承担微电网所处区域气象信息的收集与分析工作。

该软件是一个在分布式计算环境中的多模块协作平台软件集合,功率预测软件数据流程如图6.4所示。

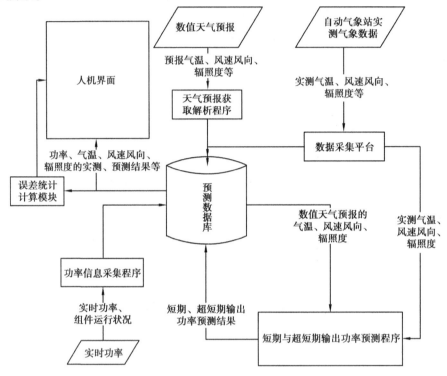

图 6.4 功率预测软件数据流程图

**(1) 系统软件模块功能**

预测数据库是整个预测系统的数据核心,各个功能模块都需要通过系统数据库完成数据的交互操作。系统数据库中存储的数据内容包括数值天气预报、自动气象站实测气象数据、实时有功数据、超短期辐射预测、时段整编数据、功率预测数据等。

人机界面是用户与系统进行交互的平台,人机界面中以数据表格和过程线、直方图等形式向用户展现预测系统的各项实测气象数据,电站实时有功数据和预测的中间、最终结果。

数据接口模块实现数值天气预报、自动气象站实测气象数据(含测风塔、辐射监测站)、实时有功数据等信息的自动采集,并支持预测、分析结果等信息输出至微电网能量管理系统。

数据处理模块实现自动气象站实测气象数据的质量控制、时段整编、异常及缺测数据标志;实现全天空成像仪图片解析、图形图像处理及云图运动矢量输出;实现实时有功数据的质量控制、异常及缺测数据标识。

短期和超短期输出功率预测模块从预测数据库中获得数值天气预报、自动气象站实测气象数据、逆变器、风电机组工况等,以此为输入,应用各种模型计算短期和超短期功率预测结果并存入预测数据库。

误差统计计算模块中输入不同时间间隔的预测和实测输出功率数据,统计合格率、平均相对误差、相关系数;通过存入预测数据库、输出误差计算结果到人机界面。

**(2)气象监测**

对新能源发电相关的气象信息采集设备要求如下:

①测风塔位置应具有代表性,能代表区域风能资源特性,且应不受周围风电机组和障碍物影响,测风塔的风速、风向监测高层应至少包括 10 m、30 m 和 50 m;温度、湿度和气压传感器应安装在 10 m 高度附近。

②辐射监测设备所处位置应在光伏发电站范围内,且能较好地反映本地气象要素的特点,四周障碍物的影子不应投射到辐射观测仪器的受光面上,附近没有反射阳光强的物体和人工辐射源的干扰,辐射传感器应至少包括总辐射计,并牢固安装于专用的台柱上,距地面不低于1.5 m。

③全天空成像仪应安装在固定平台上,在仪器可视范围内无障碍物遮挡。

④数据传输应采用可靠的有线或无线传输方式,传输时间间隔应不大于 5 min,数据延迟不超过 1 min,每天数据传输畅通率应大于 95%。

# 6.3　负荷预测

## 6.3.1　负荷预测原理

电力系统负荷预测是指从已知的电力系统、经济、社会、气象等情况出发,通过对大量历史数据进行分析和研究,探索事物之间的内在联系和发展变化规律,对负荷(功率或用电量)发展作出预先的估计和推测。

通常,将负荷预测按照预测时间的长短尺度划分为超短期、短期、中期和长期负荷预测。在实际的负荷预测工作中,为保证预测的准确性,需满足以下要求:历史数据的可用性、预测手段的先进性、预测方法的适应性。

预测误差是指预测结果与实际值之间的差距。预测误差可以直观地反映预测模型的性能。应对预测误差的产生原因进行分析,并设法使预测模型达到最好的预测效果。经过研究分析发现,产生预测误差的主要原因有突发事件、历史数据异常、预测方法不适应。

评价预测模型性能和预测精度的一般标准是预测误差,良好的预测模型产生的预测误差在满足精度要求的同时,还要被限定在各自规定的波动范围内。预测误差是评价预测模型可靠性与精确程度的重要标志,预测人员可以根据预测误差的实际大小和稳定程度评价预测模型的准确性和适用性,同时,预测误差为预测模型的优化和改进提供了依据。

## 6.3.2　分布式发电及负荷的频率响应特性

**(1)分布式发电有功输出功率的响应速度**

微电网中的各类分布式发电对频率的响应能力不同,根据它们对频率变化的响应能力和响应时间,可以分为以下几类:

①光伏发电和风力发电,其输出功率由天气因素决定,可以认为它们是恒功率源,发电输

出功率不随系统的变化而变化。

②燃气轮机、燃料电池的有功输出功率调节响应时间达到 10～30 s。如果微电网系统功率差额很大,而微电网系统对频率要求很高,则在微电网发生离网瞬间燃气轮机、燃料电池是来不及提高发电量的,对离网瞬间的功率平衡将不考虑燃气轮机、燃料电池这类分布式发电的发电调节能力。

③储能的有功输出功率响应速度非常快,通常在 20 ms 左右甚至更快,可以认为它们瞬间就能以最大输出功率来补充系统功率的差额。储能的最大发电功率可以等效地认为是在离网瞬间所有分布式发电可增加的发电输出功率。

**(2)负荷的频率响应特性**

电力系统负荷的有功功率与系统频率的关系随着负荷类型的不同而不同,一般有以下几种类型:

①有功功率与频率变化无关的负荷,如照明灯、电炉、整流负荷等。

②有功功率与频率一次成正比的负荷,如球磨机、卷扬机、压缩机、切削机床等。

③有功功率与频率二次方成正比的负荷,如变压器铁芯中的涡流损耗、电网线损等。

④有功功率与频率三次方成正比的负荷,如通风机、静水头阻力不大的循环水泵等。

⑤有功功率与频率高次方成正比的负荷,如静水头阻力很大的给水泵等。

不计及系统电压波动的影响时,系统频率与负荷的有功功率 $P_L$ 关系为

$$P_L = P_{LN}(a_0 + a_1 f_* + a_2 f_*^2 + \cdots + a_i f_*^i + \cdots + a_n f_*^n) \tag{6.1}$$

式中:$f_* = \dfrac{f}{f_N}$,N 为额定状况;* 为标幺值;$P_{LN}$ 为负荷额定频率下的有功功率;$a_i$ 为比例系数。

在简化的系统频率响应模型中,忽略与频率变化超过一次方成正比的负荷的影响,并将式(6.1)对频率微分,可得负荷的频率调节响应系数为

$$K_{L*} = a_{1*} = \frac{\Delta P_{L*}}{\Delta f_*} \tag{6.2}$$

令 $\Delta P$ 表示盈余的发电功率,$\Delta f$ 表示增长的频率,则有

$$\begin{cases} \Delta P_{L*} = \dfrac{\Delta P}{P_{L\sum}} = \dfrac{\Delta P}{\sum P_{Li}} \\ \Delta f_* = \dfrac{\Delta f}{f_N} = \dfrac{f^{(1)} - f^{(0)}}{f^{(0)}} \end{cases}$$

式中:$f^{(0)}$ 为当前频率;$f^{(1)}$ 为目标频率,如果因为发电量突变(如切发电机)而存在功率缺额 $P_{qe}$(若 $P_{qe}<0$,则表示增加发电机而产生功率盈余),通过减负荷来调节频率,则有

$$K_{L*} = \frac{\Delta P_{L*}}{\Delta f_*} = \frac{\left(\dfrac{P_{qe} - P_{jh}}{P_{L\sum} - P_{jh}}\right)}{\left(\dfrac{f^{(1)} - f^{(0)}}{f^{(0)}}\right)}$$

式中:$P_{jh}$ 为需切除的负荷有功功率,若通过减负荷使目标频率达到 $f^{(1)}$,则需要切除的负载有功功率为

$$P_{jh} = P_{qe} - \frac{K_{L*}(f^{(1)} - f^{(0)})(P_{L\sum} - P_{qe})}{f^{(0)} - K_{L*}(f^{(1)} - f^{(0)})} \tag{6.3}$$

如果因为负荷突变(如切除负载)而存在功率盈余 $P_{yy}$(若 $P_{yy}<0$,则表示增加负荷而存在功率缺额),通过切机来调节频率,则有

$$K_{L*} = \frac{\dfrac{P_{yy} - P_{qj}}{P_{L\sum} - P_{yy}}}{\dfrac{f^{(1)} - f^{(0)}}{f^{(0)}}} \qquad (6.4)$$

根据式(6.4),若通过切机使目标频率达到 $f^{(1)}$,则需要切除的发电有功功率为

$$P_{qj} = P_{yy} - \frac{K_{L*}(f^{(1)} - f^{(0)})}{f^{(0)}}(P_{L\sum} - P_{yy})$$

## 6.4　微电网的功率平衡

微电网并网运行时,通常情况下并不限制微电网的用电和发电,只有在需要时大电网通过交换功率控制对微电网下达指定功率的用电或发电指令。即在并网运行方式下,大电网根据经济运行分析,给微电网下发交换功率定值以实现最优运行。

### 6.4.1　并网运行功率平衡控制

微电网并网运行时,由大电网提供刚性的电压和频率支撑。通常情况下不需要对微电网进行专门的控制。

在某些情况下,微电网与大电网的交换功率是根据大电网给定的计划值来确定的,此时需要对流过公共连接点(PCC)的功率进行监视。

当交换功率与大电网给定的计划值偏差过大时,需要由 MGCC 通过切除微电网内部的负荷或发电机,或者通过恢复先前被 MGCC 切除的负荷或发电机将交换功率调整到计划值附近。实际交换功率与计划值的偏差功率计算方式为

$$\Delta P^{(t)} = P_{PCC}^{(t)} - P_{plan}^{(t)}$$

式中,$P_{plan}^{(t)}$ 表示 $t$ 时刻由大电网输送给微电网的有功功率计划值,$P_{PCC}^{(t)}$ 表示 $t$ 时刻公共连接点(PCC)的有功功率。

当 $\Delta P^{(t)} > \varepsilon$ 时,表示微电网内部存在功率缺额,需要恢复先前被 MGCC 切除的发电机,或者切除微电网内一部分非重要负荷;当 $\Delta P^{(t)} < -\varepsilon$ 时,它表示微电网内部存在功率盈余,需要恢复先前被 MGCC 切除的负荷,或者根据大电网的电价与分布式发电的电价比较切除一部分电价高的分布式电源。

### 6.4.2　从并网转入孤岛运行功率平衡控制

微电网从并网转入孤岛运行瞬间,流过公共连接点(PCC)的功率被突然切断,切断前通过 PCC 处的功率如果是流入微电网的,则它就是微电网离网后的功率缺额;如果是流出微电网的,则它就是微电网离网后的功率盈余。大电网的电能供应突然中止,微电网内一般存在较大的有功功率缺额。

在离网运行瞬间,如果不启用紧急控制措施,微电网内部频率将急剧下降,导致一些分布

式电源采取保护性的断电措施,这使得有功功率缺额变大,加剧了频率的下降,引起连锁反应,使其他分布式电源继继进行保护性跳闸,最终使得微电网崩溃。要维持微电网较长时间的孤岛运行状态,必须在微电网离网瞬间立即采取措施,使微电网重新达到功率平衡状态。

微电网离网瞬间,如果存在功率缺额,则需要立即切除全部或部分非重要的负荷,调整储能装置的输出功率,甚至切除小部分重要的负荷;如果存在功率盈余,则需要迅速减少储能装置的输出功率,甚至切除一部分分布式电源。这样,使微电网快速达到新的功率平衡状态。

微电网离网瞬间内部的功率缺额(或功率盈余)的计算方法就是把在切断 PCC 之前通过 PCC 流入微电网的功率,作为微电网离网瞬间内部的功率缺额,即

$$P_{qe} = P_{PCC}$$

$P_{PCC}$ 以从大电网流入微电网的功率为正,流出为负。当 $P_{qe}$ 为正值时,表示离网瞬间微电网内部存在功率缺额;当 $P_{qe}$ 为负值时,表示离网瞬间微电网内部存在功率盈余。

储能装置要用于保证离网运行状态下重要负荷能够连续运行一定时间,在进入离网运行瞬间的功率平衡控制原则:首先在假设各个储能装置输出功率为 0 的情况下切除非重要负荷;其次调节储能装置的输出功率;最后切除重要负荷。

### 6.4.3 离网功率平衡控制

微电网能够并网运行也能够离网运行,当微电网离网后,离网能量平衡控制通过调节分布式发电输出功率、储能输出功率、负荷用电,实现离网后整个微电网的稳定运行,在充分利用分布式发电的同时保证重要负荷的持续供电,同时提高分布式发电利用率和负荷供电可靠性。

在孤岛运行期间,微电网内部的分布式发电的输出功率可能随着外部环境(如日照强度、风力、天气状况)的变化而变化,使得微电网内部的电压和频率波动性很大,需要随时监视微电网内部电压和频率的变化情况,采取措施应对内部电源或负荷功率突变对微电网安全稳定产生的影响。

孤岛运行期间的某一时刻的功率缺额为 $P_{qe}$,则 $\Delta P_{L*} = \dfrac{P_{qe}}{P_{L\Sigma}}$。

如果在孤岛运行期间的某一时刻,出现系统频率 $f^{(1)}$ 小于 $f_{min}$,则需要恢复先前被 MGCC 切除的发电机,或者切除微电网内一部分非重要负荷。如果在孤岛运行期间系统频率 $f^{(1)}$ 大于 $f_{max}$,则存在较大的功率盈余,需要恢复先前被 MGCC 切除的负荷,或者切除一部分分布式发电。

**(1) 功率缺额时的减载控制策略**

当存在功率缺额 $P_{qe} > 0$ 时,控制策略如下:

①计算储能装置当前的有功输出功率 $P_{S\Sigma}$ 和最大有功输出功率 $P_{SM}$。

$$\begin{cases} P_{S\sum} = \sum P_{Si} \\ P_{SM} = \sum p_{Smax-i} \end{cases} \qquad (6.5)$$

式中,$P_{Si}$ 为储能装置 $i$ 的有功输出功率,放电状态下为正值,充电状态下为负值。

②如果 $P_{qe} + P_0 \leq 0$,说明储能装置处于充电状态,在充电功率大于功率缺额时,则减少储能装置的充电功率,储能装置输出功率调整为 $P'_{S\Sigma} = P_{S\Sigma} + P_{qe}$,并结束控制操作。否则,设置储能装置的有功输出功率为 0,重新计算功率缺额 $P'_{qe}$。

由式(6.3)可知,根据允许的频率上限 $f_{\max}$ 和下限 $f_{\min}$ 可计算功率缺额允许的正向、反向偏差。

$$\left.\begin{array}{l} P_{qe+} = \dfrac{K_{L_*}(f_{\max}-f^{(0)})(P_{L\sum}-P_{qe})}{f^{(0)}-K_{L_*}(f_{\max}-f^{(0)})} \\[3mm] P_{qe-} = \dfrac{K_{L_*}(f^{(0)}-f_{\min})(P_{L\sum}-P_{qe})}{f^{(0)}-K_{L_*}(f^{(0)}-f_{\min})} \end{array}\right\}$$

③计算切除非重要(二级、三级)负荷量的范围,即

$$\left.\begin{array}{l} P^{(1)}_{jh-\min} = P_{qe} - P_{qe-} \\ P^{(1)}_{jh-\max} = P_{qe} + P_{qe+} \end{array}\right\} \tag{6.6}$$

④切除非重要负荷。先切除重要等级低的负荷,再切除重要等级高的负荷。对同一重要等级的负荷,按照功率从大到小次序切除负荷。当检查到某一负荷的功率值 $P_{Li}>P^{(1)}_{jh-\max}$ 时,不切除它,检查下一个负荷;当检查到某一负荷的功率值满足 $P_{Li}<P^{(1)}_{jh-\min}$ 时,切除它,然后检查下一个负荷。当检查到某一负荷的功率值满足 $P^{(1)}_{jh-\min}\le P_{Li}\le P^{(1)}_{jh-\max}$ 时,切除它,并且不再检查后面的负荷。在切除负荷 $i$ 之后,先按照下式重新计算功率缺额,再按照式(6.6)重新计算切除非重要负荷量的范围,然后才进行下一个负荷的检查。

$$P'_{qe} = P_{qe} - P_{L_{qe-i}} \tag{6.7}$$

式中, $P_{L_{qe-i}}$ 切除的负荷有功功率。

⑤切除了所有合适的非重要负荷之后,如果 $-P_{SM}\le P_{qe}\le P_{SM}$ ,则通过调节储能输出功率来补充切除负荷后的功率缺额,即 $P_{S\sum}=P_{qe}$ ,然后结束控制操作。否则计算切除重要(一级)负荷量的范围,即

$$\left.\begin{array}{l} P^{(2)}_{jh-\min} = P_{qe} - P_{SM} \\ P^{(2)}_{jh-\max} = P_{qe} + P_{SM} \end{array}\right\} \tag{6.8}$$

⑥按照功率从大到小次序切除重要负荷。当检查到某一负荷的功率值 $P_{Li}>P^{(2)}_{jh-\max}$ 时,不切除它,检查下一个负荷;当检查到某一负荷的功率值满足 $P_{Li}<P^{(2)}_{jh-\min}$ 时,切除它,然后检查下一个负荷;当检查到某一负荷的功率值满足 $P^{(2)}_{jh-\min}\le P_{Li}\le P^{(2)}_{jh-\max}$ 时,切除它,并且不再检查后面的负荷。在切除负荷 $i$ 之后,先按照式(6.7)重新计算功率缺额,再按照式(6.8)重新计算切除重要负荷量的范围,再进行下一个负荷的检查。

⑦通过调节储能输出功率来补充切除所有合适的负荷之后的功率缺额,即

$$P_{S\sum} = P_{qe}$$

**(2)功率盈余时的切机控制策略**

当存在功率盈余 $P_{yy}>0$ 时,需要切除发电机,控制策略与存在功率缺额的情况类似。

①根据式(6.5)计算储能装置当前的有功输出功率和最大有功输出功率。

②如果 $-P_{SM}\le P_{yy}-P_{S\sum}\le P_{SM}$ ,则通过调节储能输出功率来补充切除负荷后的功率盈余,即储能输出功率调整为 $P'_{S\sum}=P_{yy}-P_{S\sum}$ ,然后结束控制操作。否则执行下一步。

③根据允许的频率上限和下限可计算功率盈余允许的正向、反向偏差。即

$$\left.\begin{array}{l} P_{yy+} = \dfrac{K_{L_*}(f^{(0)}-f_{\min})}{f^{(0)}}(P_{L0}-P_{yy}) \\[3mm] P_{yy-} = \dfrac{K_{L_*}(f_{\max}-f^{(0)})}{f^{(0)}}(P_{L0}-P_{yy}) \end{array}\right\}$$

④如果储能装置处于放电状态($P_{S\Sigma}>0$),设置储能装置的放电功率为0,重新计算功率盈余,即

$$\begin{cases} P_{yy} = P_{yy} - P_{S\sum} \\ P_{S\sum} = 0 \end{cases}$$

⑤计算切除发电量的范围为

$$\left. \begin{array}{l} P_{qj-min} = P_{yy} - P_{SM} - P_{S\sum} - P_{yy-} \\ P_{qj-max} = P_{yy} + P_{SM} - P_{S\sum} + P_{yy+} \end{array} \right\} \tag{6.9}$$

⑥按照功率从大到小排列,先切除功率大的电源,再切除功率小的电源。当检查到某一电源的功率值满足 $P_{Gi} > P_{qj-max}$ 时,不切除它,检查下一个电源;当检查到某一电源的功率值满足 $P_{Gi} < P_{qj-min}$ 时,切除它,然后检查下一个电源;当检查到某一电源的功率值满足 $P_{qj-min} \leq P_{Gi} \leq P_{qj-max}$ 时,切除它,并且不再检查后面的电源。在切除电源 $i$ 之后,先计算功率缺额,再按照式(6.9)重新计算切除发电量的范围,再进行下一个电源的检查。

$$P'_{yy} = P_{yy} - P_{Gqc-i}$$

式中,$P_{Gqc-i}$ 为切除的发电有功功率。

⑦通过调节储能输出功率来补充切除所有合适的电源后的功率盈余,即 $P_{S\Sigma} = -P_{yy}$。

### 6.4.4　从孤岛转入并网运行功率平衡控制

微电网从孤岛转入并网运行后,微电网内部的分布式发电工作在恒定功率控制(PQ控制)状态,它们的输出功率大小根据配电网调度计划决定。MGCC所要做的工作是将先前因维持微电网安全稳定运行而自动切除的负荷或发电机逐步投入运行中。

# 6.5　微电网的能量优化管理

## 6.5.1　优化策略

对微燃机等燃烧化石能源的分布式电源,其输出可控,用户为实现对一次能源的充分利用,常需要根据冷(热)电负荷的变化调节这类分布式电源的输出功率,以达到能量优化管理的目标。

分布式电源形式的多样性和微电网构成的复杂性,使微电网能量管理优化策略很难给出统一的描述方式,根据对性能指标(如可靠性、经济性、能源利用率等)的选择及注重程度,存在不同的优化策略。一般而言,微电网并网运行时的典型策略,按照DER是否享有优先权分为3种策略:①优先利用微电网内部的DER来满足网内的负荷需求,可以从主网吸收功率,但不可以向主网输出功率;②微电网内部的DER与主网共同参与系统的运行优化,但可以从主网吸收功率,不可以向主网输出功率;③微电网可以与主网自由双向交换功率。为了平滑微电网并网时的联络线功率波动,多利用储能系统充放电抑制波动或者采用需求侧负荷响应技术。在制订微电网实时调度方案时,一般根据微电网系统内微电源输出功率、负荷、储能装置的能量状态和可控微电源停开机情况等制订。

### 6.5.2 优化目标

与大电网的优化运行不同,微电网运行不仅要考虑分布式电源提供冷/热/电能、有效利用可再生能源、保护环境、减少燃料费用,还需考虑与外网间的电能交易。总体说来,其能量管理目标一般可以分为以下5类:

①经济运行。费用优化目标是比较通用和常见的目标函数,通过对微电网内的可调度分布式电源和储能设备进行合理调度,尽量减少微电网的投资和运行费用,提高系统效率。一般以微电网运行成本最低为目标,其中运行成本包括能耗成本、运行维护成本以及微电网与主网间的能量交互成本等。若将投资成本纳入运行成本,则需考虑设备的安装费用、折旧费用。

②联络线功率平滑。微电网运行于联网模式时,微电网一般被要求控制成为一个友好负荷形式,应有助于降低电能损耗,实现电力负荷的移峰填谷,提高电压质量或不造成电能质量恶化等目标。可以将微电网与主网间联络线的功率波动作为研究对象,一般要求微电网联络线输出功率平滑或者维持在一定功率范围内,将联络线功率波动作为优化目标,抑制间歇性电源引起的联络线功率波动。

③降损优化。以配电网或系统损耗最小为目标。

④环境效益。微电网的环境友好性是发展微电网的主要原因之一,在能量管理中体现为使污染物的排放最小、可再生能源利用最大化等。

⑤可靠性。若微电网处于离网运行状态,失去大电网的支撑,通常需要考虑可靠性优化目标。微电源输出功率无法满足所有负荷要求时,需要引入负荷竞价策略,建立负荷可中断优化模型,切除部分负荷实现微电网内功率平衡。市场引导可中断负荷的方式有折扣电价和实际停电后高赔偿两种,分别对应低电价可中断负荷和高赔偿可中断负荷。负荷可中断模型以微电网运行的收益最大为目标,考虑售电收入、赔偿费用和储能元件低能量状态放电的损耗等因素。

### 6.5.3 约束条件

一个复杂的微电网,涉及多种能源供应和需求形式,具体需要满足的约束条件有很多,如各类能源平衡约束、设备容量极限约束、各类合同约束等,电气类约束条件可以分为3类。

**(1)功率平衡约束**

对于微电网整体来说,首先要满足功率平衡约束,即

$$P_{\text{Lt}} = \sum_{i=1}^{d} P_{it} + \sum_{f=1}^{q} P_{ft} + P_{\text{Grid}}$$

式中,$d$ 为可调度发电单元数目;$q$ 为不可调度发电单元数目;$P_{it}$ 为可调度型发电单元 $t$ 时刻的输出功率,kW;$P_{ft}$ 为不可调度型发电单元 $t$ 时刻的功率输出,kW;$P_{\text{Grid}}$ 为电网 $t$ 时刻与微电网的功率交换量,kW;$P_{\text{Lt}}$ 为 $t$ 时刻系统中的总有功负荷,kW。

**(2)联络线功率限制**

当微电网并网运行,需要考虑联络线的功率限制,即

$$|P_{\text{Grid}} - P_{\text{set}}| < P_{\text{YD}}$$

式中,$P_{\text{set}}$ 为联络线功率参考值,kW;$P_{\text{YD}}$ 为阈值,kW。

**（3）设备运行约束**

微电网中设备繁多，每一个设备都需要满足一定的运行约束条件，其中一些是设备本身运行安全性或经济性所要求的，而另一些则与运行控制策略相关。具体设备约束条件复杂，视实际情况而定，常见的设备运行约束条件如下：

①可调度型发电单元（如柴油发电机、燃气轮机、燃料电池等）的约束条件。主要包括输出功率上下限约束和爬坡率约束，为了减少频繁启停对机组寿命的影响，应尽可能设置最小运行时间约束和最小允许运行时间。若考虑非计划的瞬时功率波动，可适当缩减功率约束范围。

②不可调度发电单元（如风力发电和光伏发电）一般实现最大风能跟踪，不设功率约束。考虑风机的频繁启停会影响其使用寿命，风机停机时间需要满足最小停机时间要求，可优先投入已切除时间较长的风机。同理，需要切除风机时应优先切除已投入时间较长的风机。

③在储能装置工作过程中，较大的充放电电流、过充电或过放电等都会对储能装置造成伤害，需要储能装置满足充放电电流、电压以及电荷状态（SOC）3 个约束条件。相邻时刻的电荷状态和充放电功率之间需要满足充放电等式约束

$$SOC_{t_k} + P_{t_k}\Delta t/P_{bat} = SOC_{t_{k+1}}$$

式中，$P_{tk}$ 为储能装置 $t_k \sim t_{k+1}$ 时间段内充放电功率；$SOC_{t_k}$、$SOC_{t_{k+1}}$ 为相邻两个时刻电荷状态；$P_{bat}$ 为储能装置容量。

另外，储能装置还可以设置充放电次数约束和一周期内始末状态约束等。

### 6.5.4 优化算法

**（1）图解法**

图解法一般是指基于长时间尺度的光照和风速数据，使用图解的方法来得到最优电源输出功率和蓄电池容量组合的方法。该方法优化过程考虑较少的变量，一般只考虑两个变量，如光伏电池和蓄电池容量，或者光伏电池和风机容量，得出的优化结果具有一定的片面性。

**（2）数学优化算法**

微电网优化模型中存在着各种约束，网络约束为非线性约束，而考虑分布式发电的开停机状态会使得模型中存在整数变量等。

常用的数学优化算法有混合整数线性规划、混合整数非线性规划、动态规划、序列二次规划等。已经有比较成熟的商业软件（如 LINGO、Matlab、CPLEX 等）可以进行求解，这些商业软件集成了分支定界法等用于求解这一类问题。

**（3）多目标优化算法**

在微电网优化运行时，往往需要综合若干种子目标进行综合评估，需要建立相应的多目标优化模型，采用多目标优化算法综合分析。目前多目标优化算法归纳起来有传统优化算法和智能优化算法两大类。

①传统优化算法。将多目标优化问题通过一定的人为的方法将其转化为单目标优化问题，然后求解转化之后的单目标优化问题。常用的方法有目标加权法、约束法和目标规划法等。

②智能优化算法。适用于多目标优化问题的智能优化算法不再单纯地从纯数学的推导演化中寻求 Pareto 最优解，而是借鉴生命科学与信息科学的发展而形成的交叉领域中衍生而来。

# 第 **7** 章
# 储能系统多机并列运行与模式切换

## 7.1 多机并联控制技术

逆变电源的并联控制技术研究,是交流电源系统从传统的集中式供电方式向分布式供电发展过程中必须解决的一个重大课题。逆变电源的并联运行,可以大大提高系统的灵活性,打破逆变电源在功率等级上的局限。用户可以根据需要任意组合系统的功率,同时可以采用方便的冗余设计,具有高可靠性、容易大功率化的优点。电源模块实现标准化和规范化,这样可降低不同容量电源的设计成本和重复投资,并减少生产和维护费用。

目前微电网中应用的储能变流器并联控制技术主要有集中控制方式、主从控制方式和分布式控制方式3种。

## 7.2 集中控制方式

多台储能变流器均以电压源方式运行,由统一的中央控制器或其中的一台储能变流器提供同步信号以保证各个变流器输出频率、相位、幅值相同的电压信号。其优点是控制简单、均流效果好。其缺点是若中央控制器故障,则整个系统无法运行,系统可靠性较低。

### 7.2.1 集中控制方式系统架构

多台储能变流器(PCS)均以电压源方式运行,其中一台为主机(人为选定),主机的协调控制器为每个逆变单元提供同步的信号,从而保证系统中每台变流器能够保证频率和相角的误差在允许范围内,从而减少环流。同时,各台变流器的控制器向通信网络传送各自的有功无功及故障状态信息,并从网络上获得其他变流器的相关信息,然后可以计算得到平均功率以完成均流算法,从而进一步减小环流。如图7.1所示为多台PCS电压源方式并联控制系统架构示意图。

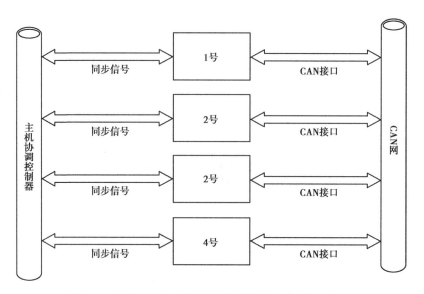

图 7.1　多台 PCS 电压源方式并联控制系统架构示意图

如图 7.2 所示为 CAN 网进行通信的流程。图 7.2(a)和(b)的差别在于广播信息同步方式的差异。图 7.2(a)中每个逆变单元定时发送计时器到指定值时,向 CAN 网发送广播请求信息,收到广播请求信息的逆变单元则向 CAN 网络广播数据信息,然后将本机定时发送计时器清零。图 7.2(b)中通过同步信号的过零来保证所有节点同时向总线广播信息。接着逆变单元判断是否收到单向请求信息,若收到则向请求节点发送数据信息。一定时间后,检测是否收到所有节点数据信息,若收集全则执行相关算法,若没有收集全则向缺失节点发送单向请求信息。需要注意,上报故障的从节点或者一定延时后仍收不到信息的节点将作为故障节点处理,不参与平均功率的计算。

### 7.2.2　集中控制方式并联控制策略

为了保证各台变流器输出电压幅值和相角相同,需在各台变流器之间加入功率均衡控制,以保证各台变流器之间的功率均分,抑制系统环流。

瞬时电流均流控制通过加入一个外部均流环,将均流控制量叠加到变流器输出控制中,从而调节各台变流器输出幅值相角,以保证输出功率均分。该种方法采用了瞬时电流,其调节速度较快,可以实现瞬时均流。然而该种方法对系统硬件要求较高,均流母线需要较高的实时性,并且易受干扰。而功率均分控制需检测系统输出有功和无功功率,其调节速度较慢,但均流效果较好,稳定性高,具有较强的抗扰动性。

假设变流器输出平均功率时其对应的输出电压为 $U_{ave} \angle \varphi_{ave}$,并且以并联同步信号为基准进行 $dq$ 解耦,则有

$$\Delta Q = Q_{ave} - Q_i = \frac{U_o}{X}(U_{ave}\cos\varphi_{ave} - U_i\cos\varphi_i) = \frac{U_o}{X}(U_{d(ave)} - U_{d(i)}) \tag{7.1}$$

由式(7.1)可知,当线路阻抗为纯感性时,变流器输出电压 $q$ 轴分量差异引起有功不均衡,$d$ 轴差异造成无功输出环流。为了实现变流器输出功率均衡,在变流器电压控制外加入功率均衡的 PI 控制,以抑制变流器之间的环流,其控制框图如图 7.3 所示。

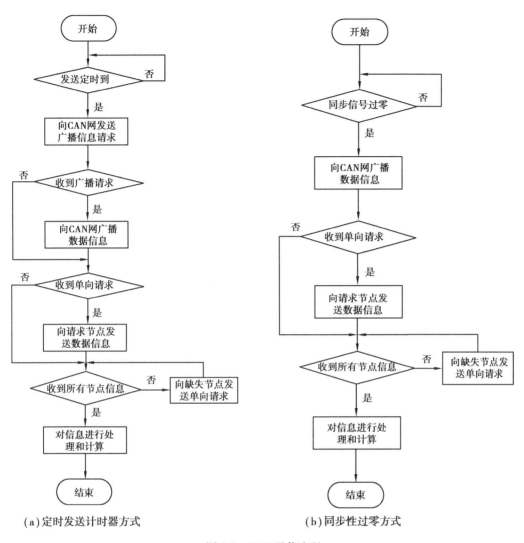

（a）定时发送计时器方式　　　　（b）同步性过零方式

图 7.2　CAN 通信流程

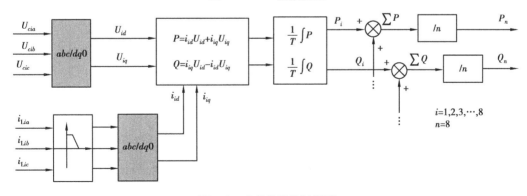

图 7.3　功率均衡控制框图

　　并联控制器可分为功率计算单元和功率控制单元。功率计算单元计算本地输出的有功和无功功率，通过通信线获得其他逆变单元的有功和无功功率，从而计算得到系统的平均有功和无功功率。功率控制单元根据系统的平均有功、无功指令获得输出电压 $d$ 轴分量和 $q$ 轴分量指令,根据平均无功功率与本地无功功率之差,经过比例积分控制器得到电压 $d$ 轴分量的调整量,以保证无功功率的均分;根据平均有功功率与本地有功功率之差,经过比例积分控制器得到电压 $q$ 轴分量的调整量,以保证有功功率的均分,控制框图如图 7.4 所示。

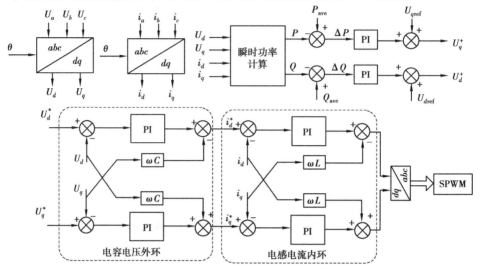

图 7.4　两台 PCS 装置并联均流控制策略框图

### 7.2.3　集中控制方式仿真分析

利用仿真软件 Matlab/Simulink 建立两台单级式储能装置的并联运行的整体仿真模型。

电压控制器采用同步旋转坐标系下电容电压外环、逆变侧电感电流内环的双环控制。双环控制策略增大了变流器控制系统的带宽,使输出动态响应加快,对非线性负载扰动的适应能力加强,输出电压谐波含量减小,模型如图 7.5 所示。

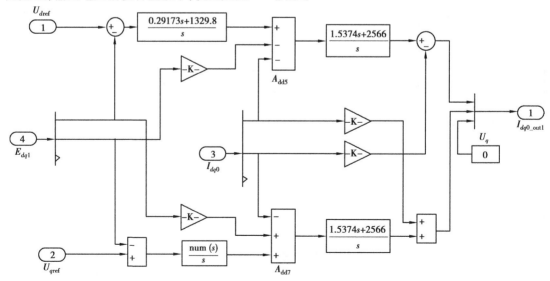

图 7.5　电压电流双环控制模型

对两台 PCS 系统离网并联运行进行仿真分析,如图 7.6 所示显示了空载运行时两台 PCS 系统的输出电压、电流及环流的仿真波形,输出电压为变流器侧的输出电压,电流为变压器高压侧电流。两台 PCS 系统的参数差异可归结为参考电压值的差异,从仿真结果中可知,环流得到了有效抑制。

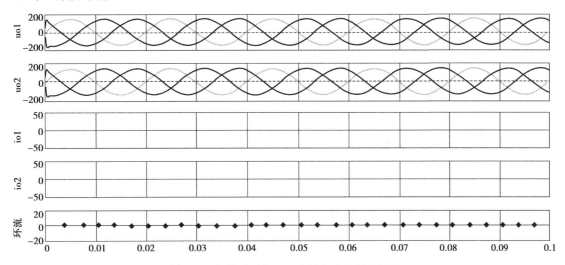

图 7.6　空载时两台 PCS 电压电流及环流波形

满载时仿真波形如图 7.7 所示。

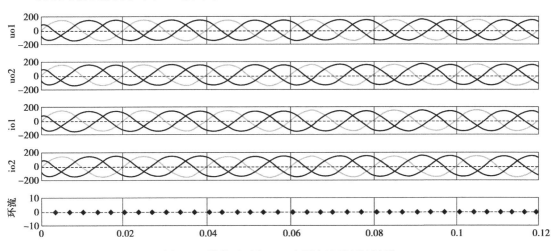

图 7.7　满载时两台 PCS 电压电流及环流波形

如图 7.8 所示为两台 PCS 装置并联运行时突加和突减负载时的仿真波形,在 0.04 s 时由空载切换到满载,在 0.08 s 时由满载切换到空载。从图中可知,在 0.04 s 投入负载时,输出电压有跌落,高低为 15 V 左右,调节时间为 0.01 s;在 0.08 s 切负载时,输出电压很好地过渡,几乎没有畸变。由于存在续流过程,三相电流均缓慢下降到零。可以清晰地看出,在动态切换负载时,两台 PCS 装置仍然有较好的均流效果。

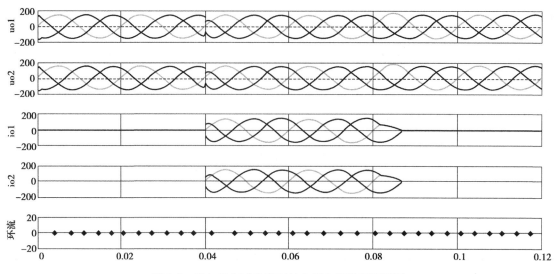

图 7.8　突加和突减负载时的电压电流及环流波形

## 7.3　主 从 控 制 方 式

将产生同步信号的控制器分散到每一台变流器中,通过一定的逻辑来确定一台主机。若主机故障,则从机切换为主机。但在主从切换时,系统存在断电情况,供电可靠性有所降低。

主从控制是一种出现较早的并联控制技术。电压控制型 PWM 变流器作为主模块,用来控制系统的输出电压,而 $N$ 个电流控制型 PWM 变流器控制自身输出电流来跟踪给定电流,从而分担系统的负载。

### 7.3.1　主从控制方式系统架构

4 台变流器中 1 台工作于电压源型输出,另外 3 台工作于 PQ 控制模式下。各台变流器的控制器通过一个通信网络传递各自的有功、无功及故障信息,如图 7.9 所示。

如图 7.10 所示为 CAN 网进行通信的流程。每个逆变单元定时发送计时器到指定值时,向 CAN 网发送广播请求信息。收到广播请求信息的逆变单元则向 CAN 网络广播数据信息,然后将本机定时发送计时器清零。接着判断是否收到单向请求信息,若收到则向请求节点发送数据信息。一定时间后,检测是否收到所有节点数据信息,若收集全则执行相关算法,若没有收集全则向缺失节点发送单向请求信息。需要注意,上报故障的从节点或者一定延时后仍收不到信息的节点将作为故障节点处理,不参与平均功率的计算。

### 7.3.2　主从控制并联控制策略

主从控制并联控制策略是采用 1 个逆变单元运行在电压源型工作模式,建立电压;其他逆变单元工作在电流源型工作模式,每个逆变单元对电容电压进行锁相。为了保证各个逆变单元的均流,每个电流源型变流器的功率指令是系统有功和无功功率的平均值。

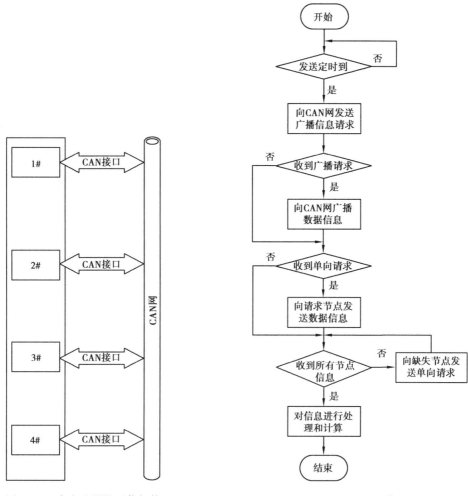

图 7.9　4 台变流器的通信架构　　　　　图 7.10　CAN 网络流程

如图 7.11—图 7.13 所示为逆变单元内部控制框图,分为功率计算、电压源控制器和电流源控制器 3 个部分。

①功率计算部分。功率计算部分是每个逆变单元都需要具备的功能。每个逆变单元计算本地输出的有功和无功功率,通过 CAN 接口广播到 CAN 网,同时从 CAN 网获得其他逆变单元的有功和无功功率,然后计算得到系统的平均有功和无功功率。

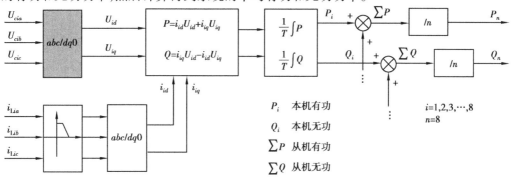

图 7.11　功率计算部分

107

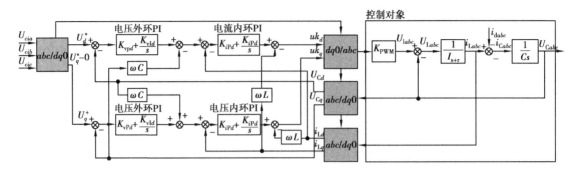

图 7.12　电压源控制框图

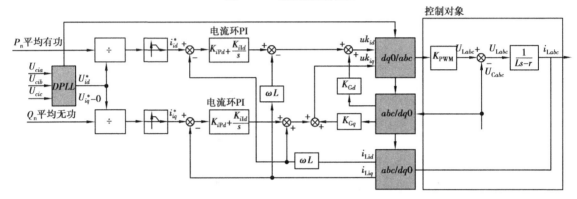

图 7.13　电流源控制框图

②电压源控制器。工作在电压源型工作模式的逆变单元采用电压源控制器。电压源控制目标是稳定电容上的电压,采用旋转坐标系下的双环控制。为了控制方便,$g$ 轴的电压指令值为 0。外环反馈为电容电压,采样电容电压经过 park 变换与给定值比较,通过电压 PI 控制得到内环电流指令。内环反馈为变流器侧电感电流,可提高系统的动态性能和抗负载扰动能力。同样,电感电流采样值经过 park 变换与给定值比较,通过电流 PI 控制器得到逆变单元控制信号,经过反 park 变换后对逆变单元桥臂开关进行驱动控制。为了得到更好的控制效果,针对旋转变化后产生的交叉耦合进行解耦控制。

③电流源控制器。工作在电流源型工作模式的 3 个逆变单元采用电流源控制器。采用旋转坐标系下的单电流环控制,电流反馈为变流器侧电感电流。电流源控制器对本地的电容电压进行锁相,为了控制方便,$q$ 轴的电压指令值为 0。电流指令为平均有功和无功对应的电流。为了得到更好的控制效果,针对旋转变化后产生的交叉耦合进行解耦控制。另外,控制中加入了电容电压前馈控制,可提高电流控制对电容电压波动的抗扰动能力。

主从变流器的工作模式不同,其系统流程也不相同,以下分别从主机和从机给出其系统流程。以下系统流程中没有对故障进行细分,初步认为故障均为严重故障,发生故障立刻封锁驱动而重新自检,连续多次故障则发停机指令。

### 7.3.3　主从控制仿真分析

采用 Matlab/Simulink 搭建了仿真模型,模型框架如图 7.5 所示。负载突增仿真结果如图 7.14 所示。

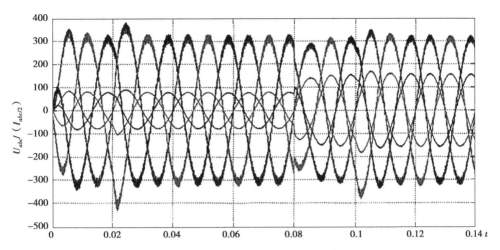

图 7.14　主从控制方式总电压电流波形

从图 7.14 可知,当负载突加时,在很短的时间内总电流达到新的平衡,过渡过程小于一个基波周期,电压基本稳定,波动较小。

从图 7.15 可知,在 0.02 s 后从模块启动,各个从模块的电流近似相等,能较好地实现均流,在 0.08 s 时,负载的突加导致的电流增加在第一个基波周期由主模块提供,然后逐步均流,这种特性限制了该技术的适用性。负载突变不能过大,否则将导致主模块过流。从有功无功波形可以更直观地看出这一特点,如图 7.15 所示,在 0.08 s 后主模块的输出有功大幅增加,而从模块的输出有功在第一个基波周期不增加。在实际运行过程中,应保证负荷突增量不应超过主模块的剩余容量,否则主模块将过流损坏。

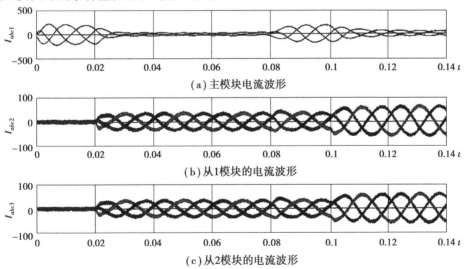

(a)主模块电流波形

(b)从1模块的电流波形

(c)从2模块的电流波形

图 7.15　主从控制方式各个模块电流波形

负载突减的仿真结果类似,当负载突减量大于主模块的运行容量时,在负载突减的第一个基波周期内,其他模块发出的多余能量将流向主模块,直流母线电压波形如图 7.16 所示。从图 7.17 可知,在 0.08 s 后直流母线电容电压成线性上升,上升的速度与负载突减的容量成正比例。

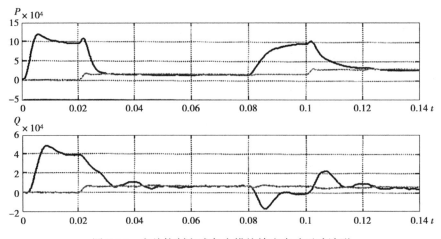

图 7.16　主从控制方式各个模块输出有功无功波形

　　结合仿真模型及理论分析，主从控制方式的输出电压不需要同步，受主机控制，负载突变不能过大，否则将导致主模块过流。同时在黑启动时，负荷不能大于主机的额定容量，否则会导致过流，造成启动失败。

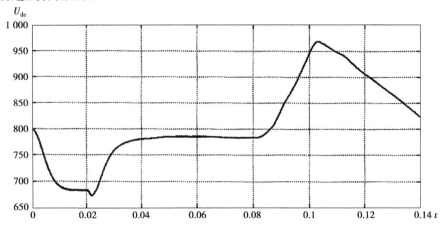

图 7.17　主从控制方式负载突减时直流母线电容电压

# 7.4　分布式控制方式

　　分布式控制方式属于无互连线控制。无互连线并机控制是指各变流器之间除了输出负载线外，没有其他相互连接的信号线。分布式控制方式解决了由变流器之间互联线信号相互干扰造成的系统无法正常工作的问题，系统中储能变流器地位是均等的，任何一个储能变流器故障则自动退出，其他变流器不受影响，实现了电源真正的冗余，可靠性较高。

## 7.4.1　分布式控制方式系统架构

　　分布式控制基于下垂控制算法实现了多机并联运行，典型的分布式控制（下垂控制）如图 7.18 所示。

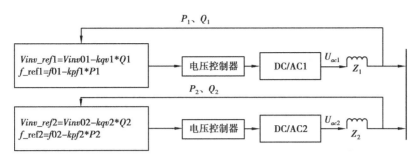

图 7.18　分布式控制框图

### 7.4.2　分布式控制并联控制策略

分布式控制即通常所说的下垂控制,其原理如下:分布式控制方式基于变流器输出的下垂特性,并联系统中多台变流器并接收后台统一下发的微电网运行电压期望和频率期望,变流器利用自身的下垂特性,以自身当前的有功和无功功率为依据,自动调整自身输出电压的频率和幅值以达到各台变流器的稳定运行。基于下垂控制的多变流器并联主电路图如图 7.19 所示。

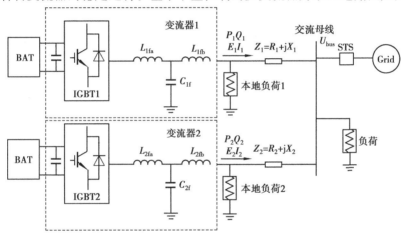

图 7.19　基于下垂控制的多变流器并联主电路图

基于下垂的控制方法易于实现多变流器的并联运行,并能较为方便地进行功率分配。下垂控制的优势有:①处于下垂控制的各变流器之间相互独立,且转为下垂控制后主控制器不再参与整个微电网的控制,避免了单点故障导致的系统崩溃问题;②下垂控制过程中若一台变流器出现故障,负荷将由其他变流器分担,提高了系统的利用率及可靠性。基于下垂控制的多机并联方案的劣势在于每台变流器独立运行,在黑启动过程中无法保持多台之间的相角、幅值、频率完全相同,在负荷大于单台变流器的容量且需要黑启动的场合,基于下垂控制的多机并联方式并不适用。

### 7.4.3　分布式控制仿真分析

利用仿真软件 Matlab/Simulink 建立两台单级式储能装置的并联运行的整体仿真模型,仿真示意图如图 7.5 所示。

系统启动时并入 2 Ω 的对称三相电阻负载,在 0.08 s 时突加 3 Ω 对称三相负载电阻。通过仿真考察系统输出电压电流稳定性、突加负载系统稳定性、稳定输出波形质量、系统均分负载的精度、系统各节点电压控制精度和稳定性。

从图 7.20 可知,在负载电阻为 2 Ω 时,各变流器输出电流实现均衡。输出电流的低频谐波中 5 次、7 次含量较高,分别为 0.9%、0.7%,其他低频谐波含量较低,小于 0.3%,系统输出电流能够稳定。当突加 3 Ω 的负载电阻时,系统能够在 2.5 个周期内实现功率平衡,输出电流幅值稳定。由仿真可知,系统突加负载时,系统稳定,输出电流波形质量好。

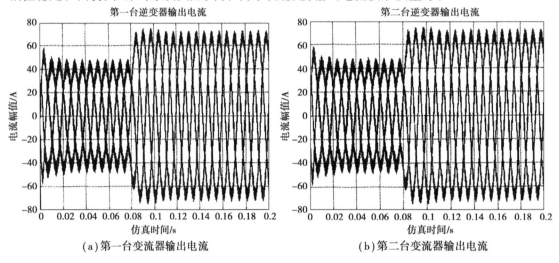

图 7.20　两台变流器并联输出电流

如图 7.21 所示为系统中各变流器的输出有功功率和无功功率波形。从仿真波形可知,系统在动态和静态过程中都能很好地实现有功功率和无功功率的均分。

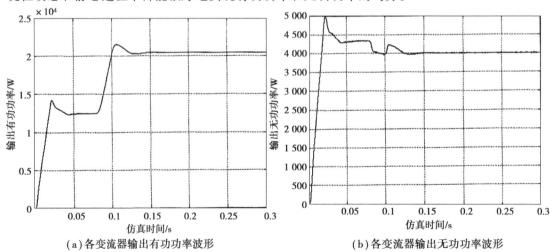

图 7.21　变流器输出有功功率、无功功率

如图 7.22 所示为系统各节点电压波形。从仿真波形可知,稳态时,两组 PCS 输出电容电压、交流母线电压的波形质量都很好。

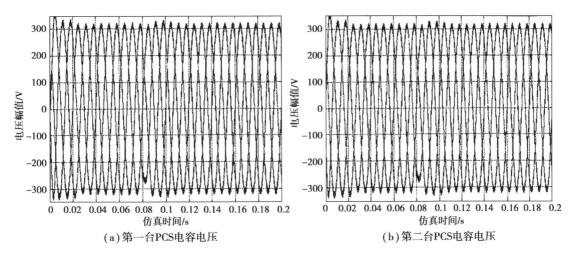

（a）第一台PCS电容电压　　　　　　（b）第二台PCS电容电压

图 7.22　变流器输出电压波形

**（1）黑启动方式**

系统失电时,需要由储能系统逐步建立起稳定的电压和频率,供微电网内的负荷及其他分布式电源使用。为分析方便,将系统进行简化,简化后的系统架构如图 7.23 所示,包括电网、储能系统、负荷 3 个部分。

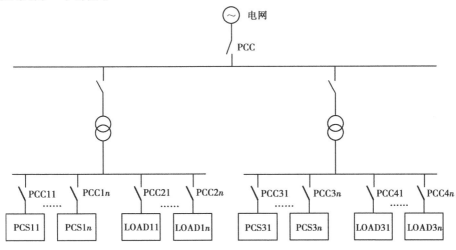

图 7.23　简化系统示意图

①电网:是指传统的发电机组,包括火电、水电等,此处简化为一个机组,经变压器接至系统的交流母线。

②PCS:储能变流器。微电网内有若干台储能变流器,每台变流器经变压器接至系统交流母线。

③负荷:将分散的负荷等效为若干个集中负荷,同时为简化分析,将光伏、风机等效为可发电的负荷,每组负荷经变压器接至系统交流母线。

**（2）黑启动方案选择**

黑启动方案主要是选择合适容量、合适台数的 PCS 作为黑启动电源,并根据确定的黑启动电源容量及 PCS 台数,选择所述 3 种方式中的一种。主电源容量过小则抗扰动能力越小,理论上来说全部 PCS 作为黑启动电源时抗冲击能力是最大的,但随着并联台数的增加,系统

控制的复杂度随之增加。选择黑启动电源时需综合考虑以下因素:

①变压器励磁涌流。系统电压建立后,在合变压器上口开关时会产生很大的励磁涌流。为了防止励磁涌流导致黑启动电源跳机,需要确保最大励磁电流不超过黑启动电源额定电流的 $k$ 倍。

②负荷。应确保最大负荷投入时的电流不超过黑启动电源额定电流的 $k$ 倍。

③电机类负荷。电机启动过程的启动电流会达到其额定电流的 $4 \sim 7$ 倍,比普通负荷对系统的影响大得多,要保证电机启动过程中的最大启动电流不超过黑启动电源额定电流的 $k$ 倍。

$k$ 为 PCS 作为黑启动电源时能承受的最大电流冲击与 PCS 额定电流的比值,假定:最大的变压器励磁电流为 $I_{\max\_lc}$,当前负荷(不包括电机)的额定电流为 $I_{\max\_load}$,电机启动过程中的最大启动电流为 $I_{\max\_st}$,同时假定各 PCS 的额定电流均为 $I_{\max\_pcs}$,则黑启动电源台数的选择如下:

a. $I_{\max\_pcs} > \mathrm{Max}\{I_{\max\_lc}, I_{\max\_load}, I_{\max\_st}\}/k$,选择一台 PCS 作为黑启动电源。

b. $I_{\max\_pcs} < \mathrm{Max}\{I_{\max\_lc}, I_{\max\_load}, I_{\max\_st}\}/k$,作为黑启动电源的 PCS 台数 $n$ 应满足:

$$\begin{cases} n \times I_{\max\_pcs} \geq \mathrm{Max}\{I_{\max\_lc}, I_{\max\_load}, I_{\max\_st}\}/k \\ (n-1) \times I_{\max\_pcs} < \mathrm{Max}\{I_{\max\_lc}, I_{\max\_load}, I_{\max\_st}\}/k \end{cases} \tag{7.2}$$

以南麂岛项目为例,全岛负荷大于 $1\,000\,\mathrm{kV \cdot A}$,小于 $1\,500\,\mathrm{kV \cdot A}$,每台储能变流器容量为 $500\,\mathrm{kV \cdot A}$,共 4 台,根据式(7.2)可以得到全岛黑启动时应选择的储能变流器的台数为 3 台。为了增加系统的冗余度,将最后一台储能变流器也作为黑启动电源。通过分析可知,对多台变流器同时黑启动的工况,主从控制和分布式控制并不合适,只能采用集中控制方式。为了提高系统的可靠性,在黑启动完成且系统运行稳定后再将各储能变流器转为下垂控制,微电网进行入分布式控制模式。

(3)黑启动过程及注意事项

黑启动电源确定后,各储能变流器以恒电压/频率 VF 方式运行,逐步建立起交流母线电压。黑启动过程中需要重点考虑以下因素:

①变压器励磁涌流问题。变压器励磁涌流与系统电压建立的速度密切相关,系统电压建立越快则变压器励磁涌流越大,有可能使黑启动电源过流,导致黑启动失败。黑启动建立电压的速度应可调,基本原则是启动过程不会因变压器励磁涌流过大而导致变流器跳机。

②功率平衡问题。交流电压建立后,如果系统处于空载运行,无功电流的存在会导致交流电压产生振荡,黑启动之前应投入部分有功负荷以使系统电压振荡。

③黑启动电源带载率问题。黑启动过程及启动完成后应使主电源功率尽可能小,以提高主电源的抗扰动能力。可交替投入新能源发电和负荷,优先由新能源发电给负荷供电,直至全部负荷投入运行。

# 第**8**章
## 微电网中混合储能技术

不同微电网运行需求对储能的技术性能要求不同,即储能的技术特性决定了其应用模式与应用场合。一般而言,为保证系统稳定和满足电能质量的要求,储能应快速响应系统的动态变化,即要具备快速的响应速度,以给予电网足够的瞬时功率支撑。而作为不间断电源的储能,则要能满足负荷对电能容量的要求。为提高可再生能源发电并网性能的储能,既要具有快速响应的性能,也要有一定的储能容量,这主要取决于可再生能源不同的发电特性和装机规模。作为能量优化管理(如削峰填谷、系统备用等)的储能,则重点要满足储能容量的要求。

## 8.1 混合储能技术组合模式

通常可将储能技术分为能量型和功率型两类,前者主要包括电化学电池储能和压缩空气储能(能量密度高);后者主要包括功率密度高的飞轮储能、超级电容器储能和超导磁储能。基于上述分析可知,微电网中对储能的技术需求,既包括能量型储能的应用模式,也包括功率型储能的应用模式。目前没有任何单一的储能技术能够全部满足所有应用模式的需求,需要根据不同的应用模式选择合适的储能技术。电池储能的能量密度大、储能时间长,但功率密度小、响应速度慢,对充放电过程敏感,对大功率充电和频繁充电的适应性不强;而功率型储能技术在储能过程中自损耗较大,能量密度低,不适用于长时间储能,但其功率密度大、充放电效率高,非常适合大功率充放电和循环充放电的场合。为满足微电网不同层次的技术需求,采用混合储能是十分必要的。混合储能就是将具有快速响应特性的储能系统(通常为功率型储能)和具有大容量储能特性的储能系统(通常为能量型储能)联合使用,协调控制,从而充分发挥各储能技术的性能优势,进一步提高电网运行的经济性、高效性、灵活性和可靠性。

根据混合储能系统在微电网中的接入方式,可将混合储能系统分为集中式和分布式两种。

### 8.1.1 集中式混合储能

集中式混合储能是指将不同类型的储能元件通过不同的变换器拓扑结构连接到同一直流母线上,并通过 DC/AC 变流器接于交流母线,DC/AC 变流器即可作为不同储能装置向电力系统输出能量的公共通道,如图 8.1 所示。

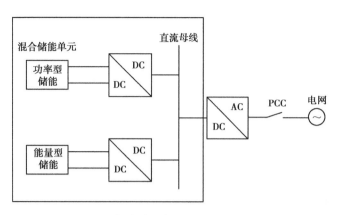

图 8.1　集中式混合储能的拓扑结构图

　　集中式混合储能可通过共同的 DC/AC 接入电网,接入成本和运行管理成本较低,混合储能的协调控制也较简单,仅通过单元层的控制就能完成,不需要修改上层的能量管理策略。关于集中式混合储能在微电网中应用的研究较多,主要是蓄电池与超级电容的混合,也有蓄电池与 SMES 的混合。目前,集中式混合储能在微电网并网运行、孤岛运行以及模式切换时的控制策略等方面已有较成熟的研究。

### 8.1.2　分布式混合储能

　　分布式混合储能根据不同应用场合的需求,将不同性能的储能装置安放在不同的位置,可分别通过 DC/AC 直接接入电网,也可通过风光并网变流器的直流母线接入电网,此外,还可以分别组成直流子微电网,再通过混合微电网中的能量管理系统来进行协调控制。一种简单的分布式混合储能拓扑如图 8.2 所示。

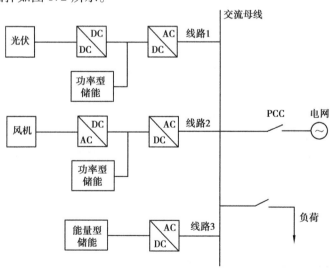

图 8.2　分布式混合储能的拓扑结构图

　　分布式混合储能可在微电网中灵活接入,方便后期扩容,减小了微电网内的网损,有着更好的响应特性,但是增加了接入和管理的成本,控制策略更加复杂,需要微电网的能量管理系统来进行协调。目前,对分布式混合储能的研究较少,有文献研究分布式混合储能的控制策略、参数确定等问题,其控制策略仍主要是以下垂控制为主的对等控制。但是,要实现混合储能系统功率协调、性能互补的目标,分布式混合储能系统的控制策略需要根据储能装置的性能特点,研究基于微电网内能量管理的分层控制策略。

## 8.2　混合储能的协调控制策略

混合储能系统控制策略是混合储能系统分析研究的基础性问题。本节以超级电容和锂电池作为功率型和能量型储能的代表,分析混合储能的协调控制策略。

### 8.2.1　混合储能系统功率分配与约束条件

#### (1)混合储能系统功率分配

在混合储能控制技术中,能量型储能与功率型储能的实时功率分配是首要问题。在具体应用中,混合储能系统承担的功率指令可根据不同需求进行确定,如在平滑风电出力中补偿高频分量,或在独立微电网中作主电源时维持系统功率平衡。根据确定的功率目标值,实现混合储能系统功率指令在超级电容和锂电池之间合理高效地进行分配,应考虑其各自的储能特性。

目前,混合储能系统内部功率分配的主要方法有:

①基于电力电子结构功能划分的分配方法。如超级电容稳定直流母线电压,该方法主要用于直流应用模型,且仅限于暂态分析。

②基于规则的分配方法。主要根据实际经验或专家意见建立分配原则库,该方法主观性太强,不同规则下的分配结果相差较大,且有时不能跟两种储能系统的不同技术特点相符合。

③基于模糊控制理论的分配方法。与基于规则的分配方法相比其理论依据更强,但在混合储能系统功率分配的模糊控制规则设计上面临主观性太强等缺点。

④基于功率波动性质的分配方法。主要通过滑动平均滤波、高通低通滤波等方法,将混合储能系统功率指令按其波动程度进行划分,并根据功率型储能和能量型储能的不同技术特点进行分配。

相比之下,基于功率波动性质的分配方法更符合混合储能系统中各种储能系统的技术特点,更适合于不同储能系统之间的联合使用。进行混合储能系统功率分配的最合适方法是高通低通滤波功率分配方法。从目前的研究来看,高通低通滤波方法是研究较多、使用较广泛的功率分配方法。

以采用高通滤波器方法为例,对混合储能系统功率指令 $P_{\text{HESS}}$ 进行滤波得到其高频波动分量作为超级电容储能的有功指令 $P_{\text{out\_SC}}$,再将高通滤波后的功率指令剩余部分作为锂电池储能的有功指令 $P_{\text{out\_LB}}$。规定功率大于零表示放电,小于零表示充电。混合储能系统功率分配中存在的关系为

$$P_{\text{out\_SC}}(s) = \frac{sT_{\text{f}}}{1 + sT_{\text{f}}} P_{\text{HESS}}(s) \tag{8.1}$$

$$P_{\text{out\_LB}}(s) = P_{\text{HESS}}(s) - P_{\text{out\_SC}}(s) = \frac{1}{1 + sT_{\text{f}}} P_{\text{HESS}}(s) \tag{8.2}$$

式中:$s$ 为微分算子;$T_{\text{f}}$ 为滤波时间常数,s。

将式(8.1)和式(8.2)中的 $s$ 用 $d/dt$ 来表示,设 $\Delta T$ 为计算步长,差分后得

$$P_{\text{out\_SC}}(s) = \frac{T_f}{T_f + \Delta T}\{P_{\text{out\_SC}}(t-1) + [P_{\text{HESS}}(t) - P_{\text{HESS}}(t-1)]\} \tag{8.3}$$

$$P_{\text{out\_LB}}(t) = \frac{T_f}{T_f + \Delta T}P_{\text{out\_LB}}(t-1) + \frac{\Delta T}{T_f + \Delta T}P_{\text{HESS}}(t) \tag{8.4}$$

结合式(8.3)和式(8.4)可知,$P_{\text{out\_SC}}$ 因 $P_{\text{HESS}}$ 的变化而快速变化,呈高频波动,$P_{\text{out\_LB}}$ 则缓慢跟随 $P_{\text{HESS}}$ 变化,符合两种不同储能元件的特性。

**(2)各储能系统的约束条件**

在微电网应用中,储能电池通常经过储能变流器接入电网。

对储能变流器,应考虑其最大功率限制,超过最大功率限制将超过电力电子器件通流能力而使储能变流器发生故障,并可能因直流滤波、交流滤波和 PI 控制等参数不匹配而影响储能变流器实现控制功能。

储能电池应注意以下两点:①最大充放电功率限制,若充放电功率超过该最大值限制,将导致工作电压过高或充放电过流,加速寿命损耗甚至导致损坏;②过充过放保护,当容量接近或等于下限时继续放电、接近或等于上限时继续充电,将造成很大伤害,严重影响储能系统的性能。

综上,应对储能系统进行最大充放电功率限制和过充过放保护。这是针对储能系统本身的保护控制,其保护调整方式如下:

当储能系统的充放电功率超过最大充放电功率限制时,将其充放电功率限定为储能系统最大充放电功率限制值;若输出功率在最大充放电功率限制范围内,则不进行调整。

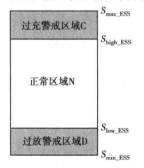

图 8.3  储能荷电状态限制分类

过充过放会对储能设备造成很大的伤害,为了保护储能设备,在储能电量较少时限制其放电功率,达到电量下限时不再放电,而在储能电量较多时限制其充电功率,达到电量上限值时不再充电。

设置防止过充过放保护的缓冲调整控制,将储能系统所处荷电状态分为正常区域、过充警戒区域和过放警戒区域,设置相应的荷电状态保护阈值,如图 8.3 所示。

在图 8.3 中,$S_{\text{max\_ESS}}$、$S_{\text{min\_ESS}}$ 分别代表储能系统荷电状态的运行范围上下限;$S_{\text{high\_ESS}}$、$S_{\text{low\_ESS}}$ 分别代表储能系统荷电状态的过充过放警戒阈值。

当储能系统处于过放警戒区域时,采用式(8.5)对输出功率进行调整;当储能系统处于过充警戒区域时,采用式(8.6)对输出功率进行调整。

$$P_{\text{out\_ESS}} = P_{\text{out 0\_ESS}} \cdot \max\left\{0, \frac{S_{\text{ESS}} - S_{\text{min\_ESS}}}{S_{\text{low\_ESS}} - S_{\text{min\_ESS}}}\right\} \tag{8.5}$$

$$P_{\text{out\_ESS}} = P_{\text{out 0\_ESS}} \cdot \max\left\{0, \frac{S_{\text{max\_ESS}} - S_{\text{ESS}}}{S_{\text{max\_ESS}} - S_{\text{high\_ESS}}}\right\} \tag{8.6}$$

式中:$P_{\text{out 0\_ESS}}$、$P_{\text{out\_ESS}}$ 分别为储能系统过充过放保护调整前后的输出功率值,kW;$S_{\text{ESS}}$ 为储能系统的当前荷电状态。

### 8.2.2　考虑各储能设备配合的协调控制策略

在具体应用中,混合储能系统承担的功率指令 $P_{HESS}$ 可根据不同需求进行确定,如在平滑风电出力中补偿高频分量,或在独立微电网中作主电源时维持系统功率平衡。为了保证混合储能系统最大程度跟踪 $P_{HESS}$ 指令,采用图 8.4 所示方法。

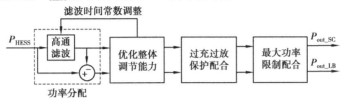

图 8.4　混合储能系统协调控制流程图

在混合储能系统运行控制中,首先通过高通滤波控制将 $P_{HESS}$ 的高频波动分量和非高频波动分量分配给超级电容储能和锂电池储能;其次基于锂电池充放电状态进行超级电容储能 SOC 调整,以优化整体调节能力;再次根据两种储能所处 SOC 区域和充放电状态调整功率,实现过充过放保护配合;最后以尽可能满足功率指令为目标进行两种储能的最大充放电功率限制配合。通过以上措施,可提高混合储能系统整体性能,尽可能满足微电网对混合储能系统的功率需求。

**（1）整体调节能力优化**

在混合储能系统中,锂电池循环寿命相对较短,要求其避免频繁充放电切换,主要承担系统功率指令中缓慢变化的非高频波动部分。超级电容虽可在承担系统功率指令的高频波动部分发挥其优势,但能量密度低的缺点可能使其很快地接近储能电量上下限,从而影响控制效果。需要两个系统的协调控制,才能充分发挥混合储能系统的性能。

当超级电容储能电量接近上限时,放电能力强、充电能力弱,对正向较大或骤增的 $P_{HESS}$ 响应能力强,但对负向较大或骤减的 $P_{HESS}$ 响应能力较弱。同理,接近下限时,充电能力强、放电能力弱,对负向较大或骤减的 $P_{HESS}$ 响应能力强,但对正向较大或骤增的 $P_{HESS}$ 响应能力较弱。两种情况下均可能需要以锂电池输出功率大幅度变化甚至切换充放电状态为代价完成响应。此外,若通过控制使超级电容储能电量始终稳定在中间点,虽既能吸收能量,也能释放能量,但相当于容量减半。

如图 8.5 所示,$S_{max\_SC}$、$S_{min\_SC}$ 分别代表超级电容储能 SOC 的上下限;$S_{LBd\_SC}$、$S_{LBc\_SC}$ 分别代表锂电池放电时和锂电池充电时的超级电容储能 SOC 控制阈值。

根据两种储能系统之间的协调配合以提升整体性能的考虑,可采用基于锂电池充放电状态的协调控制策略。在锂电池放电（$P_{out\_LB}>0$）时,使超级电容储能电量保持在较低水平,即图 8.5(a)所示的目标区域 $[S_{min\_SC}, S_{LBd\_SC}]$,对混合储能系统的放电需求响应以锂电池为主、超级电容为辅,对混合储能系统的充电需求响应以超级电容为主、锂电池为辅。同理,在锂电池充电（$P_b<0$）时,使超级电容储能电量保持在较高水平,即图 8.5(b)所示的目标区域 $[S_{LBc\_SC}, S_{max\_SC}]$,对混合储能系统的充电需求响应以锂电池为主、超级电容为辅,对混合储能系统的放电需求响应以超级电容为主、锂电池为辅。采用该协调控制策略,进行两种储能之间的状态配合,可以进一步发挥各自的优势。

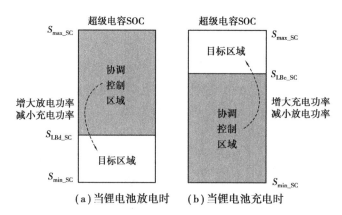

图 8.5　优化整体调节能力的协调控制示意图

结合式(8.1)和式(8.3)分析可知,具体实现方式如下:

当 $P_{out\_LB} > 0$ 且 $S_{SC} > S_{LBd\_SC}$ 时,判断 $P_{out\_SC}$ 是否大于 0,若 $P_{out\_SC} > 0$,则 $T_f = T_f + \Delta T_f$;若 $P_{out\_SC} < 0$,则 $T_f = T_f - \Delta T_f$。

当 $P_{out\_LB} < 0$ 且 $S_{SC} < S_{LBc\_SC}$ 时,判断 $P_{out\_SC}$ 是否大于 0,若 $P_{out\_SC} > 0$,则 $T_f = T_f - \Delta T_f$;若 $P_{out\_SC} < 0$,则 $T_f = T_f + \Delta T_f$。

在 $T_f$ 允许范围内采用以上方法进行多次调整以使超级电容处于目标区域,优化混合储能系统整体调节能力。

**(2)过充过放保护配合**

规定"＋""－"分别代表放电和充电,"C""N"和"D"分别代表过充警戒区域、正常区域和过放警戒区域,下标"LB"和"SC"分别代表锂电池储能和超级电容储能。若处于"＋DLB"或"＋DSC"状态时,需进行过放保护控制,功率调整见式(8.5);若处于"－CLB"或"－CSC"状态时,需进行过充保护控制,功率调整见式(8.6)。

结合图 8.5,混合储能系统中锂电池和超级电容的荷电状态所处区域有 9 种不同的可能,再考虑两种储能的充放电状态,则混合储能系统的过充过放保护协调控制将面临 36 种不同的情况。表 8.1 是过充过放保护协调控制结果。将需进行过充过放保护协调控制的混合储能系统所处状态分为 4 类:

①仅需过放保护控制,见表 8.1 中的第 1、2 组。

②仅需过充保护控制,见表 8.1 中的第 3、4 组。

③同时进行过充过放保护,见表 8.1 中的第 5、6 组。

④同时进行过充保护控制或同时进行过放保护控制,见表 8.1 中的第 7、8 组。

表 8.1　过充过放保护协调控制结果

| 分组 | 混合储能所处状态 | $P_{out\_LB}$ 调整 | $P_{out\_SC}$ 调整 |
|---|---|---|---|
| 1 | "＋$D_{LB}$,＋$C_{SC}$""＋$D_{LB}$,－$D_{SC}$""＋$D_{LB}$,＋$N_{SC}$""＋$D_{LB}$,－$N_{SC}$" | 式(8.5) | $P_{HESS} - P_{out\_LB}$ |
| 2 | "＋$C_{LB}$,＋$D_{SC}$""－$D_{LB}$,＋$D_{SC}$""＋$N_{LB}$,＋$D_{SC}$""－$N_{LB}$,＋$D_{SC}$" | $P_{HESS} - P_{out\_SC}$ | 式(8.5) |
| 3 | "－$C_{LB}$,－$D_{SC}$""－$C_{LB}$,＋$C_{SC}$""－$C_{LB}$,＋$N_{SC}$""－$C_{LB}$,－$N_{SC}$" | 式(8.6) | $P_{HESS} - P_{out\_LB}$ |
| 4 | "＋$C_{LB}$,－$C_{SC}$""－$D_{LB}$,－$C_{SC}$""＋$N_{LB}$,－$C_{SC}$""－$N_{LB}$,－$C_{SC}$" | $P_{HESS} - P_{out\_SC}$ | 式(8.6) |
| 5 | "＋$D_{LB}$,－$D_{SC}$" | $P_{out\_LB} - \lvert \Delta P \rvert$ | $P_{out\_SC} + \lvert \Delta P \rvert$ |

续表

| 分组 | 混合储能所处状态 | $P_{out\_LB}$调整 | $P_{out\_SC}$调整 |
|---|---|---|---|
| 6 | "$-C_{LB}$，$+D_{SC}$" | $P_{out\_LB}+\lvert\Delta P\rvert$ | $P_{out\_SC}-\lvert\Delta P\rvert$ |
| 7 | "$+D_{LB}$，$+D_{SC}$" | 式(8.5) | 式(8.5) |
| 8 | "$-C_{LB}$，$-C_{SC}$" | 式(8.6) | 式(8.6) |

表8.1中对第5、6组,状态为"$+D$"的储能元件输出功率为正且进行保护控制后功率数值减小(即放电功率减小),可表示为$P_D=P_{D0}-\lvert\Delta P_D\rvert$;状态为"$-C$"的储能元件输出功率为负且进行保护控制后功率数值增大(即充电功率减小),可表示为$P_C=P_{C0}+\lvert\Delta P_C\rvert$。为保持混合储能系统的功率调节能力,取两个储能元件功率调整量的绝对值相同,均为$\lvert\Delta P\rvert=0.5\times(\lvert\Delta P_D\rvert+\lvert\Delta P_C\rvert)$。

当混合储能系统没有处于表8.1所含的状态时,无须进行过充过放保护。否则,根据表8.1中相应的公式对两种储能进行功率指令调整,实现混合储能系统的过充过放保护协调控制。

**(3)最大功率限制保护配合**

混合储能系统应尽可能地满足微电网对混合储能系统的功率需求,仅在锂电池储能系统和超级电容储能系统同时达到充电功率限值或同时达到放电功率限值时,混合储能系统整体对要求承担的功率的响应能力不足,需修改混合储能系统的功率指令,即按混合储能系统的最大充电功率或最大放电功率进行。否则,锂电池储能系统或超级电容储能系统的输出功率越限时,则固定在限值处,越限部分可由另一储能分担(分担后容量和功率需在允许范围内,否则不协助承担或降额),输出功率控制结果见表8.2。

表8.2　最大充放电功率协调控制结果

| $P_{out\_LB}$范围 | $P_{out\_SC}$范围 | 控制结果 $P_{out\_LB}$、$P_{out\_SC}$ |
|---|---|---|
| $[P_{dmax\_LB},+\infty)$ | $[P_{dmax\_SC},+\infty)$ | $P_{dmax\_LB}$、$P_{dmax\_SC}$ |
| $(-\infty,P_{cmax\_LB}]$ | $(-\infty,P_{cmax\_SC}]$ | $P_{cmax\_LB}$、$P_{cmax\_SC}$ |
| $[P_{dmax\_LB},+\infty)$ | $(-\infty,P_{cmax\_SC}]$ | $P_{dmax\_LB}$、$(P_{out\_SC}+P_{out\_LB}-P_{dmax\_LB})$ |
| $(-\infty,P_{cmax\_LB}]$ | $[P_{dmax\_SC},+\infty)$ | $P_{cmax\_LB}$、$(P_{out\_SC}+P_{out\_LB}-P_{cmax\_LB})$ |
| $[P_{dmax\_LB},+\infty)$ | $(P_{cmax\_SC},P_{dmax\_SC})$ | $P_{dmax\_LB}$、$(P_{out\_SC}+P_{out\_LB}-P_{dmax\_LB})$ |
| $(-\infty,P_{cmax\_LB}]$ | $(P_{cmax\_SC},P_{dmax\_SC})$ | $P_{cmax\_LB}$、$(P_{out\_SC}+P_{out\_LB}-P_{cmax\_LB})$ |
| $(P_{cmax\_LB},P_{dmax\_LB})$ | $[P_{dmax\_SC},+\infty)$ | $(P_{out\_LB}+P_{out\_SC}-P_{dmax\_SC})$、$P_{dmax\_SC}$ |
| $(P_{cmax\_LB},P_{dmax\_LB})$ | $(-\infty,P_{cmax\_SC}]$ | $(P_{out\_LB}+P_{out\_SC}-P_{cmax\_SC})$、$P_{cmax\_SC}$ |
| $(P_{cmax\_LB},P_{dmax\_LB})$ | $(P_{cmax\_SC},P_{dmax\_SC})$ | $P_{out\_LB}$、$P_{out\_SC}$ |

表8.2中$P_{cmax\_LB}$、$P_{dmax\_LB}$分别代表锂电池储能系统的最大充放电功率;$P_{cmax\_SC}$、$P_{dmax\_SC}$分别代表超级电容储能系统的最大充放电功率。

**(4)混合储能系统协调控制的整体流程**

综合高通滤波功率分配、超级电容储能SOC调整优化整体调节能力、过充过放保护配合和最大功率限制配合,实现提高混合储能系统整体性能的控制策略整体流程如图 8.6 所示。

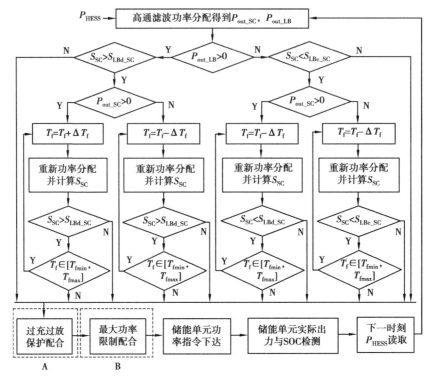

图 8.6　混合储能系统协调控制策略的整体控制流程图

其中,过充过放保护配合(图 8.6 中 A 虚线框所示)的详细控制流程如图 8.7 所示,最大功率限制保护配合如图 8.6 中 B 虚线框所示。

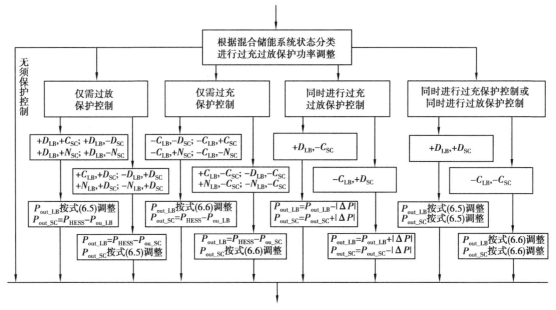

图 8.7　混合储能系统过充过放保护配合的控制流程

### 8.2.3　算例分析

考虑协调控制策略的核心为混合储能系统整体调节能力优化,是不同于其他策略的主要改进,设置对比策略为不考虑该环节的基本策略。算例分析中设定两个对比仿真方案。

方案1:基本控制方案。采用高通滤波功率分配,对锂电池和超级电容分别独立地进行过充过放保护控制和最大充放电功率限制控制。

方案2:综合考虑高通滤波功率分配、状态调整、过充过放保护配合和最大功率限制保护配合,其他条件均相同。

**(1)储能系统的技术参数与控制参数**

在算例分析中设超级电容状态调整控制阈值 $S_{LBd\_SC} = 0.4$、$S_{LBc\_SC} = 0.7$;锂电池储能系统和超级电容储能系统的主要技术参数见表8.3。在混合储能系统功率分配中设定高通滤波时间常数初值 $T_{f0} = 30$,其调整步长和调整宽度设定为 $\Delta T_f = 1$、$T_{flim} = 10$。

表8.3　两种储能系统的主要技术参数设定

| 参数类型 | 锂电池储能系统 | 超级电容储能系统 |
|---|---|---|
| SOC 运行范围 | $0.25 \sim 0.95$ | $0.2 \sim 0.9$ |
| 过充保护 SOC 阈值 | 0.9 | 0.85 |
| 过放保护 SOC 阈值 | 0.3 | 0.25 |
| SOC 初值 | 0.8 | 0.8 |
| 充放电效率 | 90% | 95% |
| 自放电率/% · s$^{-1}$ | 0 | 0.000 17 |

**(2)基于储能有限配置的算例分析**

设混合储能系统应承担的功率指令如图8.8所示,其所需最大充放电功率绝对值为 $100 \sim 150$ kW。

若采用由锂电池储能系统和超级电容储能系统组成的混合储能系统,来测试对该功率指令的完成程度,设两个储能系统的额定功率和额定容量分别为 100 kW/10 kW · h、100 kW/0.25 kW · h。

在当前混合储能系统中,如图8.8所示的混合储能系统功率指令不能保证始终得到满足,储能系统配置无法完全满足功率指令所需,即储能有限配置。

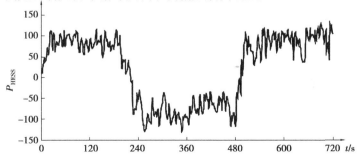

图8.8　某混合储能系统功率指令

123

在混合储能系统运行中,分别采用方案 1 和方案 2 两组对比控制策略,完成所应承担的上述功率指令。从混合储能系统实际出力情况可知,采用不同控制策略运行时,混合储能系统所承担的功率指令完成情况不同,如图 8.9 所示。

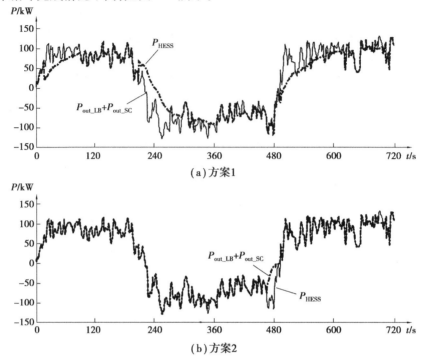

图 8.9　混合储能系统功率指令的完成情况

分析图 8.9,在储能有限配置情况下,对混合储能系统应承担的同一功率指令,当采用两种不同的混合储能系统运行控制方案时,混合储能系统功率指令的完成情况不同。

在图 8.9(a)中,采用方案 1 时,混合储能系统所承担的功率指令完成情况较差,近一半时间内都无法满足微电网功率需求。相比之下,采用方案 2 时,混合储能系统所承担的功率指令虽未始终完全得到满足,但绝大多数时间内满足所需功率指令,如图 8.9(b)所示。

在同样的储能配置情况下对应同一个混合储能系统应承担的功率指令,采用两种不同运行控制方案的结果表明:与方案 1 相比,通过优化整体调节能力,以及进行过充过放保护配合与最大功率限制保护配合,方案 2 中混合储能系统的功率调节能力更佳,能更好地完成混合储能系统功率指令。

如图 8.10 所示为滤波时间常数 $T_{f0} = 10$、20、40 和 50(其他条件均不变)时的对比仿真。结合图 8.9,从 5 组对比仿真波形可知,对同一个控制方案,在滤波时间常数初值不同时混合储能系统功率指令的完成情况并无较大的差异。虽然参数设置从理论上讲对混合储能系统功率指令完成情况有一定的影响,但相对于控制策略其影响非常小。

**(3)基于储能冗余配置的算例分析**

在实际应用中,混合储能系统承担的功率指令可根据不同需求进行确定,如在平滑风电出力中补偿出力高频波动分量,或在独立型微电网中作主电源时维持系统功率平衡等。如图 8.11 所示的混合储能系统功率指令,为某具体应用中混合储能系统应承担的功率指令,其所需最大充放电功率为 ±500 kW。若采用由锂电池储能系统和超级电容储能系统组成混合储能系统

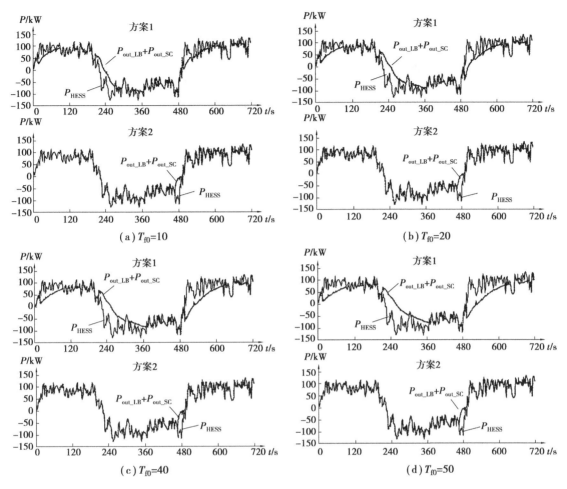

图 8.10　当 $T_{\mathrm{f}}$ 不同时两种方案对功率指令的完成情况

来满足该功率指令,两个储能系统的额定功率和额定容量分别为 500 kW/1 000 kW · h、500 kW/10 kW · h,则如图 8.11 所示的混合储能系统功率指令能一直得到满足,储能系统配置完全满足功率指令所需,即储能冗余配置。

在混合储能系统运行中,分别采用方案 1 和方案 2 两组对比控制策略,完成所应承担的上述功率指令。从混合储能系统运行情况可知,所承担的功率指令始终得到满足,但不同控制策略下两种储能系统的出力曲线与 SOC 曲线不同,如图 8.12 所示。

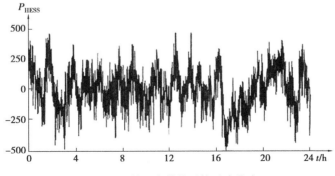

图 8.11　某混合储能系统功率指令

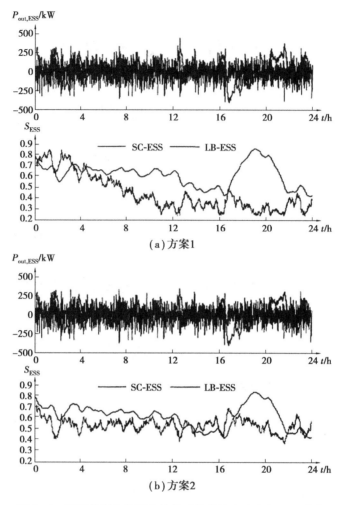

图 8.12  两种控制方案下各储能系统的输出功率与 SOC 曲线

两种方案下混合储能系统功率指令均始终得到满足,锂电池储能系统的出力曲线与 SOC 曲线、超级电容储能系统出力曲线无显著差别,而超级电容储能系统 SOC 曲线明显不同。在图 8.12(a)中,采用方案 1 时,超级电容储能系统 SOC 长时间接近限值。分析其原因,是超级电容储能系统没有采用有序控制,这可能使得其参与系统功率调节的能力大幅下降。相比之下,在图 8.12(b)中,采用方案 2 时,超级电容储能系统 SOC 始终处于合理区间。分析其原因,是通过两种储能之间的配合,对超级电容进行状态调整,从而始终保持一定的功率调节能力。

如图 8.13—图 8.16 所示分别取滤波时间常数 $T_{f0} = 10$、20、40 和 50(其他条件均不变)进行对比仿真,对应的混合储能系统功率中锂电池储能系统($L_{R\_ESS}$)和超级电容储能系统($S_{C\_ESS}$)的实时出力曲线与 SOC 曲线。结合图 8.12,对比 5 组仿真波形,对同一个控制方案,在滤波时间常数初值不同时,混合储能系统中超级电容储能系统 SOC 所处状态并无较大的差异。虽然参数设置从理论上讲对混合储能系统中超级电容储能系统 SOC 所处状态有一定的影响,但相对于控制策略其影响非常小。方案 1 中超级储能系统 SOC 长时间接近限值,主要缘于控制策略本身的问题。

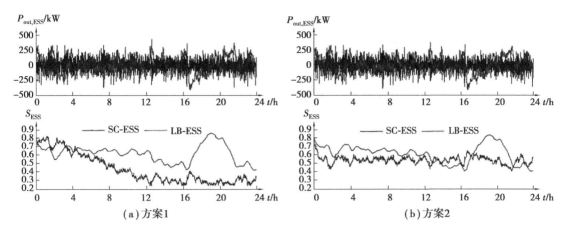

图 8.13　当 $T_{f0} = 10$ 时两种控制方案下各储能系统的输出功率与 SOC 曲线

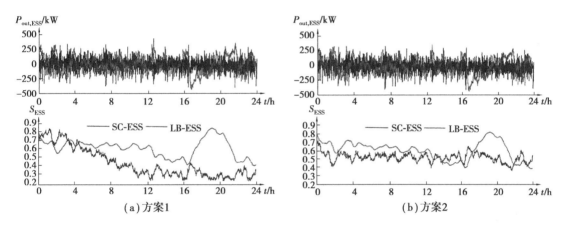

图 8.14　当 $T_{f0} = 20$ 时两种控制方案下各储能系统的输出功率与 SOC 曲线

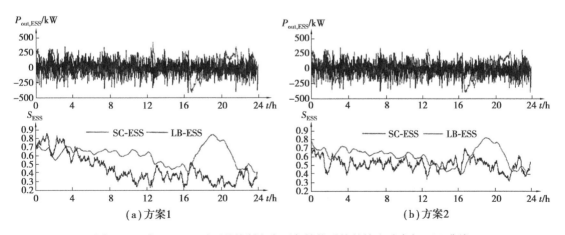

图 8.15　当 $T_{f0} = 40$ 时两种控制方案下各储能系统的输出功率与 SOC 曲线

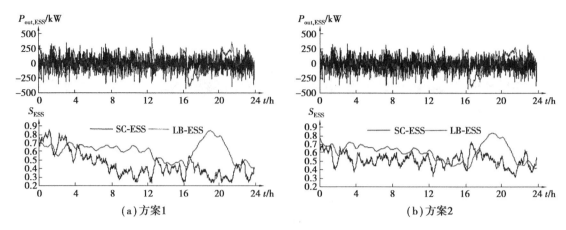

图 8.16　当 $T_{f0} = 50$ 时两种控制方案下各储能系统的输出功率与 SOC 曲线

### 8.2.4　协调配合策略控制效果的影响分析

通过上节的算例分析可知,无论在储能冗余配置还是储能有限配置情况下,采用方案 2 的协调控制策略,混合储能系统性能都明显优于方案 1。

方案 1 与方案 2 的最大差别为考虑了混合储能系统内部各子储能系统之间的协调配合,充分发挥了能量型储能和功率型储能的优点。锂电池储能系统和超级电容储能系统之间的协调配合,无论在储能冗余配置还是储能有限配置情况下,主要体现在根据微电网需求和储能系统所处状态,对功率分配滤波时间常数不断进行实时调整加以实现,如图 8.17 和图 8.18 所示。

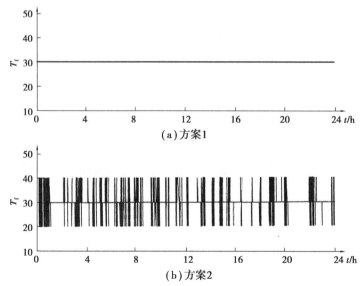

图 8.17　储能冗余配置时两种方案的滤波时间常数变化对比

以混合储能系统有限配置时为例,给出锂电池储能系统和超级电容储能系统的实时输出功率对比,如图 8.19 所示,对应两种储能系统的输出功率频谱分析如图 8.20 所示。

在图 8.19 中,与锂电池储能系统出力即实时输出功率相比,在两个控制方案中超级电容储能系统出力的变化与充放电切换更加频繁。结合图 8.20 分析,超级电容和锂电池在两种方案中均分别承担功率指令的高频波动分量和非高频波动分量,这与超级电容储能系统和锂电池储能系统分别属于功率型储能和能量型储能相对应,符合其各自的储能技术特性。

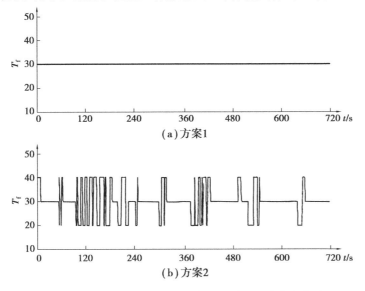

图 8.18　储能有限配置时两种方案的滤波时间常数变化对比

采用两种控制策略,储能系统的实时荷电状态对比如图 8.21 所示。方案 1 中超级电容储能系统没有采用有序控制并与锂电池储能系统进行状态配合,从而导致其 SOC 经常处于上下限,使得其参与系统功率调节的能力大幅下降。同时,由于两种储能系统之间的协调配合,方案 2 中超级电容储能系统的 SOC 始终根据系统需求进行调整,在一定程度上可以一直满足系统功率调节能力的需求。

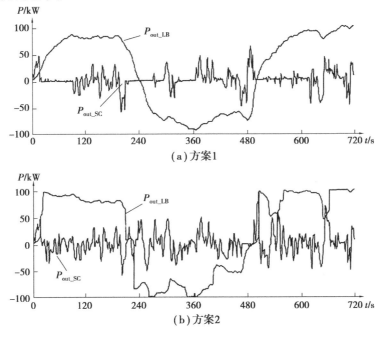

图 8.19　锂电池和超级电容的实时输出功率

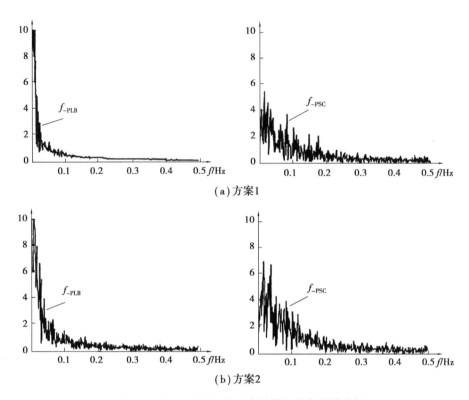

图 8.20　锂电池和超级电容的输出功率频谱分析

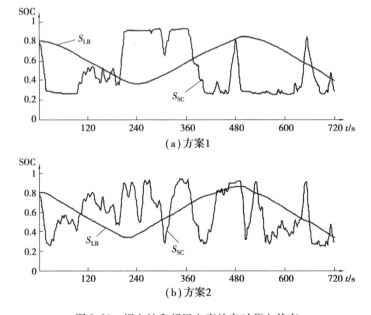

图 8.21　锂电池和超级电容的实时荷电状态

## 8.3　混合储能系统的功率、容量与控制参数综合优化

混合储能系统的技术经济性受很多因素影响,包括:①储能系统的功率、容量等。额定功率与额定容量直接关系储能系统输出功率大小和可吞吐电量多少,要提升混合储能系统整体性能,需考虑混合储能系统中各储能系统的功率、容量影响。②协调控制策略。采用不同控制策略,将对混合储能系统整体技术经济特性具有明显不同的影响。③储能系统的控制参数。优选运行控制参数可有效降低锂电池储能阵列损耗或减少锂电池和超级电容储能系统的损耗折算成本。

在前述混合储能系统协调控制策略的研究基础上,混合储能系统的经济性应充分考虑实际工程中混合储能系统额定功率和额定容量的特点,基于实际应用需求提出储能系统有效率指标,建立考虑功率、容量与控制参数共同影响的混合储能系统综合优化模型。通过计算分析功率、容量与控制参数等因素变化对混合储能系统技术经济特性的影响。

### 8.3.1　混合储能系统功率和容量的特点

在基于交流应用的储能系统中,其主要的组成部分为储能阵列和配套的储能变流器。对实际工程应用的储能系统,其储能变流器通常为大量生产的成套制式设备。这与用于研究的订做型储能变流器不同,需符合商业运作规律。同时,储能系统的额定容量主要受储能阵列影响,额定功率在一定程度上受储能阵列影响,但主要受储能变流器限制的影响。储能系统的储存电量主要受储能阵列影响,输出功率限额主要受储能变流器影响。储能系统的额定功率在实际工程应用中的限制与理论研究有所不同。

通常,在实际工程应用中,储能 PCS 一般采用制式的整套设备,使得储能系统最大功率仅有为数不多的可选规格值,如 50、100、200、250、300、400、500 kW 等,对锂电池储能系统和超级电容储能系统,其配套储能变流器即其各自的额定功率应满足

$$P_{r\_LB} \in \{50,100,200,250,300,400,500,\cdots\} \tag{8.7}$$
$$P_{r\_SC} \in \{50,100,200,250,300,400,500,\cdots\} \tag{8.8}$$

同时,考虑技术经济因素,不同储能系统所需的 PCS 不同。例如,锂电池储能系统是典型的能量型储能系统,考虑其技术特点与需求,为了达到延长其使用寿命等目标,所承担的功率指令曲线与功率型储能系统承担的相比较为平缓。对锂电池储能系统的储能变流器,可采用仅含双向 DC/AC 变换器的单级式结构。这种储能变流器具有结构简单、实用可靠等特点,不仅可以满足锂电池储能系统的技术要求,还可达到减少投资成本等经济优势。

相比之下,对属于典型功率型储能的超级电容储能系统,受其快速充放电、承担功率指令高频波动分量等技术特点的要求,需采用含双向 DC/DC 变换器和双向 DC/AC 变换器的双级式结构,这就导致其投资成本比锂电池储能系统配套储能变流器高。

结合以上两类储能系统的特点,根据实际工程应用中储能系统各种费用等,可得到两种储能系统配套储能变流器在不同额定功率下的投资成本,见表 8.4。

表 8.4　锂电池储能系统和超级电容储能系统的配套 PCS 投资成本

| $P_{r\_PCS}$/kW | 50 | 100 | 200 | 250 | 300 | 400 | 500 |
|---|---|---|---|---|---|---|---|
| $C_{PCS\_LB}/10^4$ \$ | 1.00 | 1.97 | 3.77 | 4.61 | 5.41 | 6.89 | 8.20 |
| $C_{PCS\_SC}/10^4$ \$ | 1.21 | 2.36 | 4.52 | 5.54 | 6.49 | 8.26 | 9.84 |

　　储能变流器是储能系统接入电网系统的必要环节,通过一定的控制方式进行 PWM 应用控制 IGBT 开断实现功率控制等目标。尽管根据锂电池储能系统和超级电容储能系统不同的技术需求,两种储能变流器在结构组成和运行方式的细节上有所不同,但是两种储能系统在运行过程中,其电力电子设备通常均不间断运行。IGBT、交直流滤波元件等电力电子器件具有一定的使用寿命。在设备使用年限、寿命量化方法和寿命衰减速率等方面,两种配套储能变流器大致相同。

　　此外,实际交流应用的储能系统无法实现不间断的连续控制,一般采用离散化控制。但是,用于小型独立微电网供电的储能系统功率容量较小,存在某控制时间间隔内储能电量被充满或放完的情况。有必要考虑储能系统计算步长时间内可输出功率限制。为保护储能变流器,应考虑储能变流器最大允许充放电功率限制;为保护锂电池、超级电容等储能阵列,应考虑各储能系统荷电状态运行范围约束,避免过充过放损伤储能阵列。

### 8.3.2　储能系统有效率指标

　　偏远地区供电系统通常是一个没有与大电网实现互联的小型独立系统。小型常规发电机组面临着环保性差等问题,不适于作为此类小型独立系统的主电源。为了充分利用这些偏远无电地区通常风光资源比较丰富的优点,可利用风光等可再生能源进行发电。但可再生能源发电出力具有随机性、间歇性和不可控性,需要采用储能系统作为保持功率平衡和系统稳定的主电源,并实现削峰填谷等功能。对用于偏远地区供电的小型独立微电网,基于现实条件和环保等因素,小型常规发电机组的使用具有一定的局限性。同时,基于交流应用的储能系统具有环保性好等优点,可采用 Vf 控制,为此类小型独立微电网提供稳定的电压和频率支撑。基于交流应用的微电网系统结构如图 8.22 所示,它由负荷、它储能系统和可再生能源发电组成。

　　在图 8.22 中,$P_{LD}$ 为从交流母线到负荷的时变功率需求,$P_{DG}$ 为传输到交流母线的分布式发电出力之和。

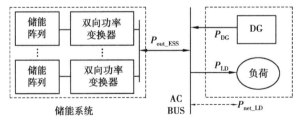

图 8.22　小型独立微电网的结构示意图

　　分布式发电由风力发电、光伏发电等可再生能源发电组成,应尽可能利用。分布式发电因其出力的随机性、间歇性和不可控性而无法保持系统稳定性和功率平衡。储能系统因能在运行范围内吸收和输出功率满足系统需求而成为系统平衡节点。混合储能系统或由能量型储能构成的单一储能系统均适用。$P_{out\_ESS}$ 为储能系统总的充放电功率,即储能系统与交流母线之间的双向功率流动。同时,$P_{net\_LD}$ 为负荷需求与分布式发电出力之和,即该微电网的净负荷。

如果设定流向交流母线为正方向,则 $P_{LD}$、$P_{DG}$ 的值分别为负的和正的,$P_{out\_ESS}$、$P_{net\_LD}$ 的值均为可正可负。

在独立微电网混合储能系统优化的现有研究中,负荷缺电率或缺供电率指标被作为系统约束条件。作为最常用的可靠性指标之一,负荷缺电率和缺供电率都是反映特定负荷需求下的系统性能指标。负荷缺电率或缺供电率实际上即负荷能量缺额与负荷能量总需求的比值见式(8.9),取值范围为 0 ~ 100%。在等时间间隔离散计算中,则为负荷功率缺额与负荷功率总需求的比值。

$$L_{pro} = 100\% \times \sum_{n=1}^{N_T} \{ P_{loss\_LD(n)} \cdot \Delta T_{com} \} \Big/ \sum_{n=1}^{N_T} \{ P_{LD(n)} \cdot \Delta T_{com} \} \qquad (8.9)$$

式中:$\Delta T_{com}$ 为计算步长,s;$N_T$ 为时间 $T$ 内以 $\Delta T_{com}$ 为等时间间隔的时间段总数;$L_{pro}$ 为负荷未满足比例,即负荷缺电率或缺供电率指标;$P_{LD(n)}$、$P_{loss\_LD(n)}$ 分别为第 $n$ 个 $\Delta T_{com}$ 时间段的负荷需求功率和负荷缺供功率,kW。

负荷从交流母线吸收能量,其数值上为负值;分布式发电输出能量到交流母线,其数值上为正值。负荷能量缺额和负荷能量总需求在数值上均为负值,当 $P_{LD} + P_{DG} \leq 0$ 时,可再生能源出力小于等于负荷需求量,微电网系统处于功率需求状态,可进行负荷缺电率或缺供电率即 $L_{pro}$ 累加计算。当 $P_{LD} + P_{DG} > 0$ 时,可再生能源出力大于负荷需求量,微电网系统处于功率过剩状态。该状态在实际运行中经常出现,但无法反映到负荷缺电率或缺供电率即 $L_{pro}$ 计算中,见式(8.10)。对由负荷需求与可再生能源出力组成的净负荷,负荷缺电率或缺供电率即 $L_{pro}$ 指标只能计及其为负的部分。

$$P_{loss\_LD(n)} = \min \{ P_{LD(n)} + P_{DG(n)}, 0 \} = - \{ P_{net\_LD(n)} \} \qquad (8.10)$$

式中:$P_{DG(n)}$、$P_{net\_LD(n)}$ 分别为在第 $n$ 个 $\Delta T_{com}$ 时间段内独立微电网中的可再生能源出力和净负荷,kW。

然而,独立微电网与传统电网不同,不仅要满足负荷需求,还要尽可能使用可再生能源发电。在最大化利用可再生能源出力前提下,需要提出新指标以反映在特定负荷和可再生能源发电情况下的系统性能。

通常,微电网中可再生能源如风力发电或光伏发电等的出力调整可由其并网逆变器实现,但什么时候调整及调整幅度需上层控制系统给定。若没有上层控制系统,则风光出力调整仅能根据并网逆变器出口端的信息进行调整,无法根据系统级的需求进行动态调整。实现风光出力调整的上层控制系统,一般为能实现遥测、遥信、遥控、遥调功能的运营监控系统,对技术条件和经济条件要求较高。此外,具有可调节出力功能的风光并网装置的投资成本比不具备调节能力的高,且频繁进行出力调整将使其故障概率增大,运行维护的频率和难度增加。综上,受技术经济代价和后期运营操作困难等原因影响,在目前的偏远地区供电小型微电网中一般不对风光等可再生能源出力进行调整。此类独立微电网供电储能系统需要同时满足负荷和最大化利用可再生能源出力的需求。

在没有与大电网联网运行的偏远地区,其负荷类型较为单一、消费电量值较小,可再生能源发电设备和储能系统一般与负荷相匹配,不会配置太多。结合功率型储能具有能量密度低、持续放电时间较短等特点,若计算步长(运行控制时间间隔)太长,将无法得到超级电容储能系统的真实工作状态。已有的含混合储能系统的独立微电网优化研究,通常以调度操作时间间隔为 15 min、1 h、1 d、1 个月等为计算周期,完全忽略了储能系统的实际运行状态。在含混合储能系统的独立微电网优化分析研究中,需充分考虑这一特性,在计算分析中得到超级电容储能系统工作运行的真实状态,以便使所得结论合理有效。

式(8.11)为储能系统的有效率指标,反映的是对净负荷的满足程度。为了微电网系统的功率平衡,可再生能源出力、负荷功率需求与储能系统出力之和应为0,即储能系统出力功率指令计算如式(8.12)所示。

$$R_{\text{ESS}} = \left\{ 1 - \frac{\displaystyle\sum_{n=1}^{N_T} \left\{ \left| P_{\text{ref\_ESS}(n)} - P_{\text{out\_ESS}(n)} \right| \cdot \Delta T_{\text{com}} \right\}}{\displaystyle\sum_{n=1}^{N_T} \left\{ \left| P_{\text{ref\_ESS}(n)} \right| \cdot \Delta T_{\text{com}} \right\}} \right\} \tag{8.11}$$

$$P_{\text{ref\_ESS}(n)} = -\left( P_{\text{LD}(n)} + P_{\text{DG}(n)} \right) = -P_{\text{net\_LD}(n)} \tag{8.12}$$

式中:$R_{\text{ESS}}$ 为储能系统有效率指标,下标"ESS"代表当前储能系统,可以是单一储能系统或混合储能系统;$P_{\text{ref\_ESS}(n)}$、$P_{\text{out\_ESS}(n)}$ 分别为在第 $n$ 个 $\Delta T_{\text{com}}$ 时间段内储能系统的输出功率指令和实际输出功率,kW。

结合式(8.8)—式(8.12)可知,与负荷缺电率或缺供电率即 $L_{\text{pro}}$ 相比,储能系统有效率指标 $R_{\text{ESS}}$ 能反映储能系统对可再生能源出力和负荷需求的共同满足程度,即 $R_{\text{ESS}}$ 能够反映独立微电网供电储能系统对净负荷整体的满足程度,而 $L_{\text{pro}}$ 仅能反映独立微电网供电储能系统对净负荷中为负的部分的满足程度。$R_{\text{ESS}}$ 的数值范围为 $[0,100\%]$,当作为主电源的储能系统实际输出功率与独立型微电网的净负荷之间的差距越小时,其值越大,对储能系统要求越高;当两者始终完全相等时,$R_{\text{ESS}} = 100\%$。与可靠性要求类似,在独立型微电网储能系统优化分析中,可设定储能系统有效率指标约束。

### 8.3.3　计及有效率约束的混合储能系统综合优化模型

额定功率和额定容量是确定储能系统多少的主要指标,不仅直接影响储能系统功能的实现与技术参数,还直接关系着储能系统的经济性。在混合储能系统应用中,确定混合储能系统内部各子储能系统的额定功率与额定容量,即确定各储能阵列与各储能变流器,是十分重要的规划任务。然而,控制参数变化对混合储能系统整体技术经济特点具有一定的影响,应考虑额定功率、额定容量与控制参数的共同影响,进行混合储能系统综合优化。

**(1)考虑降低总损耗折算成本的综合优化模型**

混合储能系统综合优化是指对控制策略的主要参数、各子储能系统的额定功率与额定容量同时进行优化,以便获得更佳的系统整体技术经济特性。其成本包括投资成本、总等效损耗折算成本等。投资成本仅与混合储能系统中各子储能系统的额定功率与额定容量有关,其为一次性投资成本,但无法反映混合储能系统的综合性能与整体技术经济特性。一定时间内的总等效损耗折算成本,既与混合储能系统中各子储能系统的额定功率与额定容量有关,又与系统的总体损耗折算情况有关。

也就是说,对混合储能系统中储能阵列与配套储能变流器等设备,寿命量化和投资成本分别代表其技术特性和经济特性。其中,损耗折算成本综合反映寿命量化和投资成本的共同影响,表征一定时间内寿命损耗的等效折算成本,是一种全寿命周期成本的技术经济特性指标。考虑功率容量与控制参数共同影响的混合储能系统综合优化,可以尽量降低系统在一定时间内的总等效损耗折算成本为目标。混合储能系统综合优化模型目标函数用式(8.13)表示,在一定运行时间内,使混合储能系统总等效损耗折算费用最小的参数组合,即为混合储能系统的综合优化结果。该总费用充分考虑了锂电池储能阵列、超级电容储能阵列、相应的储能变流器等各部分的寿命损耗与费用折算。

$$\min C_{\text{whole\_HESS}} = \min\left( C_{\text{loss\_LB}} + C_{\text{loss\_SC}} + C_{\text{Rpen\_ESS}} \right) \tag{8.13}$$

式中：$C_{\text{whole\_HESS}}$为时间 $T$ 内混合储能系统总损耗折算成本；$C_{\text{loss\_LB}}$为计及储能阵列和配套储能变流器的锂电池储能系统损耗折算成本，其计算公式见式(8.14)；$C_{\text{Rpen\_ESS}}$为表示混合储能系统是否满足其有效率约束的惩罚成本；$C_{\text{loss\_SC}}$为计及储能阵列和配套储能变流器的超级电容储能系统损耗折算成本，其计算公式见式(8.15)。

$$C_{\text{loss\_LB}} = C_{\text{loss\_LBarr}} + L_{\text{loss\_PCS}} C_{\text{PCS\_LB}} \qquad (8.14)$$

式中：$C_{\text{loss\_LBarr}}$、$C_{\text{PCS\_LB}}$、$L_{\text{loss\_PCS}}$分别为储能阵列等效损耗折算成本、锂电池储能系统配套储能变流器的投资成本和寿命损耗系数；$C_{\text{loss\_LB}}$为锂电池储能系统的总等效损耗折算成本。

$$C_{\text{loss\_SC}} = C_{\text{loss\_SCarr}} + L_{\text{loss\_PCS}} C_{\text{PCS\_SC}} \qquad (8.15)$$

式中：$C_{\text{loss\_SCarr}}$、$C_{\text{PCS\_SC}}$、$L_{\text{loss\_PCS}}$分别为超级电容储能系统储能阵列等效损耗折算成本、配套储能变流器的投资成本和寿命损耗系数；$C_{\text{loss\_SC}}$为超级电容储能系统的总等效损耗折算成本。

待优化参数为混合储能系统功率、容量和控制策略参数，即锂电池储能系统额定功率与额定容量 $P_{\text{r\_LB}}$ 和 $E_{\text{r\_LB}}$、超级电容储能系统额定功率与额定容量 $P_{\text{r\_SC}}$ 和 $E_{\text{r\_SC}}$、功率分配滤波时间常数 $T_{\text{f0}}$ 和超级电容储能系统荷电状态协调响应裕量参数 $\Delta S_{\text{co\_SC}}$。

储能有效率约束，即惩罚成本，见式(8.16)。

$$C_{\text{Rpen\_ESS}} = \begin{cases} 0, & R_{\text{ESS}} \geqslant R_{\text{set}} \\ F_{\text{CR}}, & R_{\text{ESS}} < R_{\text{set}} \end{cases} \qquad (8.16)$$

式中：$C_{\text{Rpen\_ESS}}$为储能系统的惩罚成本；$F_{\text{CR}}$为没有满足储能系统有效率指标约束的惩罚成本。

当储能系统有效率指标得到满足时，惩罚成本为 0。否则，储能有效率约束没有得到满足，而使优化数据将不具有可比性，需要设定一个远大于混合储能系统内其他成本的固定值即 $F_{\text{CR}}$。

在约束条件方面，应满足式(8.7)、式(8.8)和式(8.17)。

$$\begin{cases} C_{\text{Ppen\_ESS}} = \begin{cases} 0, & P_{\text{out\_LB}} - P_{\text{out\_SC}} = P_{\text{HESS}} \\ F_{\text{CP}}, & \text{else} \end{cases} \\ P_{\text{clmt\_LB}} \leqslant P_{\text{out\_LB}} \leqslant P_{\text{dlmt\_LB}} \\ P_{\text{clmt\_SC}} \leqslant P_{\text{out\_SC}} \leqslant P_{\text{dlmt\_SC}} \\ S_{\text{min\_LB}} \leqslant S_{\text{LB}} \leqslant S_{\text{max\_LB}} \\ S_{\text{min\_SC}} \leqslant S_{\text{SC}} \leqslant S_{\text{max\_SC}} \end{cases} \qquad (8.17)$$

式中：$C_{\text{Ppen\_ESS}}$为储能系统的惩罚成本；$F_{\text{CP}}$为没有满足系统功率平衡约束的惩罚成本；$P_{\text{clmt\_LB}}$、$P_{\text{cout\_LB}}$、$P_{\text{dlmt\_LB}}$分别为锂电池储能系统的最大充电功率、实际输出功率和最大放电功率，kW；$P_{\text{clmt\_SC}}$、$P_{\text{out\_SC}}$、$P_{\text{dlmt\_SC}}$分别为超级电容储能系统的最大充电功率、实际输出功率和最大放电功率，kW；$S_{\text{min\_LB}}$、$S_{\text{LB}}$、$S_{\text{max\_LB}}$分别为锂电池储能系统的最小 SOC 限值、实时 SOC 和最大 SOC 限值；$S_{\text{min\_SC}}$、$S_{\text{SC}}$、$S_{\text{max\_SC}}$分别为超级电容储能系统的最小 SOC 限值、实时 SOC 和最大 SOC 限值。

同时，锂电池储能系统和超级电容储能系统的投资成本，可由式(8.18)进行计算。

$$\begin{cases} C_{\text{array\_LB}} = C_{\text{unit\_LB}} E_{\text{r\_LB}} \\ C_{\text{array\_SC}} = C_{\text{unit\_SC}} E_{\text{r\_SC}} \\ C_{\text{inve\_HESSarr}} = C_{\text{array\_LB}} + C_{\text{array\_SC}} \\ C_{\text{inve\_LB}} = C_{\text{array\_LB}} + C_{\text{PCS\_LB}} \\ C_{\text{inve\_SC}} = C_{\text{array\_SC}} + C_{\text{PCS\_SC}} \\ C_{\text{inve\_HESS}} = C_{\text{inve\_LB}} + C_{\text{initial\_SC}} \end{cases} \qquad (8.18)$$

式中: $E_{r\_LB}$、$C_{unit\_LB}$、$C_{array\_LB}$分别为锂电池储能系统的额定储能容量、单位储能容量成本和储能阵列投资成本; $E_{r\_SC}$、$C_{unit\_SC}$、$C_{array\_SC}$分别为超级电容储能系统的额定储能容量、单位储能容量成本和储能阵列投资成本; $C_{inve\_HESSarr}$为混合储能系统的储能阵列投资成本之和; $C_{PCS\_LB}$、$C_{inve\_LB}$分别为锂电池的储能变流器成本和储能系统投资成本; $C_{PCS\_SC}$、$C_{inve\_SC}$分别为超级电容的储能变流器成本和储能系统投资成本; $G_{inve\_HESS}$为混合储能系统的总投资成本。

**(2) 基于整体技术经济特性的综合优化算法流程图**

采用粒子群优化算法求解式(8.13)所示的优化模型, 其算法流程图如图8.23所示。

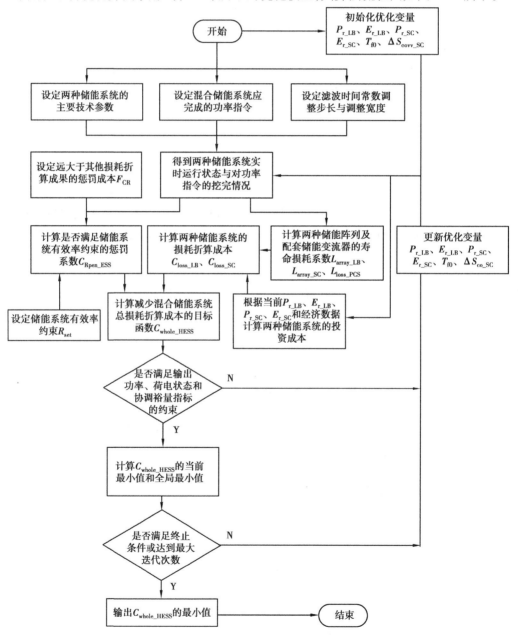

图8.23 基于整体技术经济特性的综合优化算法流程图

（3）算例分析

设滤波时间常数的调整步长和调整宽度分别为 $\Delta T_{\mathrm{f}}=1$，$T_{\mathrm{flim}}=10$。储能系统有效率指标约束 $R_{\mathrm{set}}=99.9\%$，不满足储能系统有效率约束时的损耗折算成本惩罚固定值 $F_{\mathrm{CR}}=10$ 万美元。锂电池储能系统和超级电容储能系统的主要技术经济参数见表 8.5。相应的配套 PCS 的使用年限均为 10 年，购置成本见表 8.4。混合储能系统控制策略采用本书提出的协调控制策略。

表 8.5　两种储能系统的主要技术经济参数

| 参数类型 | 锂电池储能系统 | 超级电容储能系统 |
|---|---|---|
| SOC 运行范围 | 0.25 ~ 0.95 | 0.2 ~ 0.9 |
| 过充保护 SOC 阈值 | 0.9 | 0.85 |
| 过放保护 SOC 阈值 | 0.3 | 0.25 |
| SOC 初值 | 0.8 | 0.8 |
| 充放电效率 | 90% | 95% |
| 自放电率/(% · s$^{-1}$) | 0 | 0.000 17 |
| 单位能量成本/($ · kWh$^{-1}$) | 655.7 | 157 377.0 |

在该算例中，混合储能系统功率指令取自某海岛独立型微电网中储能系统作为主电源时的一天的净负荷曲线，如图 8.24 所示。当混合储能系统协调控制参数 $T_{\mathrm{f0}}$ 和 $\Delta S_{\mathrm{co\_SC}}$ 变化时，混合储能系统中各储能系统输出功率之和与所需功率指令的关系，同样应满足储能系统有效率约束条件。

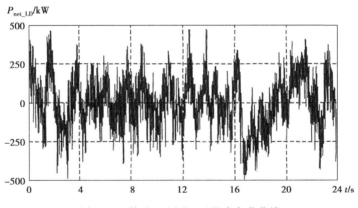

图 8.24　某独立电网一天的净负荷曲线

采用图 8.23 所示算法流程图求解式（8.13）的参数优化模型，得到混合储能系统综合优化的结果见表 8.6。优化结果包括锂电池储能系统、超级电容储能系统的额定功率与额定容量、滤波时间常数和协调裕量指标的最优值，以及相应的混合储能系统的技术经济参数最优值。

设置对比数据为采用冗余配置完成图 8.24 所示功率指令的混合储能系统运行控制优化参数，即待优化参数中锂电池和超级电容储能系统的额定容量和功率分别固定为 500 kW/1 000 kW · h、500 kW/10 kW · h，即表 8.6，仅优化控制参数的结果。

表8.6 混合储能系统的运行优化结果与综合优化结果

| | 项　目 | 运行优化结果 | 综合优化结果 |
|---|---|---|---|
| 优化变量 | $P_{r\_LB}/kW$ | 500 | 500 |
| | $P_{r\_SC}/kW$ | 500 | 300 |
| | $E_{r\_LB}/kW \cdot h$ | 1 000 | 761.80 |
| | $E_{r\_LB}/kW \cdot h$ | 10 | 3.12 |
| | $T_f$ | 15 | 23 |
| | $\Delta S_{co\_SC}$ | 0.52 | 0.53 |
| 寿命损耗及其折算费用 | $L_{loss\_LB}/10^{-3}$ | 0.955 7 | 0.851 5 |
| | $L_{loss\_SC}/10^{-5}$ | 1.616 3 | 5.680 8 |
| | $C_{loss\_LB}$（美元） | 649.13 | 447.83 |
| | $C_{loss\_SC}$（美元） | 52.38 | 45.64 |
| | $C_{loss\_HESS}$（美元） | 701.51 | 493.48 |
| 投资成本 | $C_{inve\_LB}(10^4 \cdot$ 美元$)$ | 73.77 | 58.15 |
| | $C_{inve\_SC}(10^4 \cdot$ 美元$)$ | 167.21 | 55.54 |
| | $C_{inve\_HESS}(10^4 \cdot$ 美元$)$ | 240.98 | 113.69 |

由表8.6可知:①运行控制参数优化的待优化参数为 $T_f$、$\Delta S_{co\_SC}$,其最优值分别为15、0.52;综合优化的待优化参数为 $P_{r\_LB}$、$P_{r\_SC}$、$e_{r\_LB}$、$e_{r\_SC}$、$T_f$、$\Delta S_{co\_SC}$,其最优值分别为500、300、761.80、3.12、23、0.53。②与运行控制参数优化的结果相比,混合储能系统综合优化后,锂电池寿命损耗明显降低,降幅为10.90%,其折算费用大幅降低,降幅达31.01%;超级电容寿命损耗升高3倍多,但其折算费用得到明显降低,降幅为12.87%;混合储能系统总损耗折算费用大幅降低,降幅达29.65%。③结合储能系统购置成本分析,综合优化后不仅使混合储能系统总损耗折算费用得到大幅降低,还因优化后所需储能功率容量大幅降低,使得混合储能系统总购置成本减少127.29万美元,降幅高达52.82%。

(4)不同优化目标的对比分析

以混合储能系统总投资成本最低和锂电池寿命损耗最小为两个目标函数,前者为混合储能系统主要经济性能指标,后者为混合储能系统主要技术性能指标,分别讨论优化目标不同对结果的影响,以及不同优化考虑的适用范围。

1)Case1:仅考虑混合储能系统的总投资成本

储能系统包括由储能模块串并联组成的储能阵列和相应的储能变流器两部分。综合考虑储能阵列和变流器的投资成本后,以其总投资成本最小为目标的优化模型目标函数为

$$\min C_{Case1\_HESS} = \min(C_{inve\_HESS} + C_{Rpen\_ESS}) \qquad (8.19)$$

式中:$C_{Case1\_HESS}$ 为混合储能系统总投资成本;$C_{inve\_HESS}$ 为混合储能系统内所有储能阵列以及所有储能变流器的投资成本之和;$C_{Rpen\_ESS}$ 为使混合储能系统是否满足储能系统有效率要求的惩罚费用,计算公式见式(8.16)。

式(8.19)所示的优化分析模型表示,使得混合储能系统总投资成本最低的储能系统方案为最优;待优化参数为混合储能系统中各储能系统功率容量 $P_{r\_LB}$、$E_{r\_LB}$、$P_{r\_SC}$、$E_{r\_SC}$ 和控制参数 $T_{f0}$、$\Delta S_{co\_SC}$。约束条件与 8.3.3 小节所建优化模型的约束条件相同。

2) Case2:仅考虑混合储能系统的锂电池储能阵列损耗等效折算成本

投资成本其实质为一次性成本,仅能反映储能系统新建或投入运行时所需的资金量。由混合储能系统多尺度模型分析可知,损耗等效折算成本实为一种等年值成本。同时,由于锂电池储能阵列的循环使用次数远小于超级电容储能阵列,而这是混合储能系统整体性能非常重要的方面。因此,延长锂电池储能阵列循环使用寿命,可改善混合储能系统整体性能。在一定时间内,延长锂电池储能阵列循环使用寿命,即等价于降低其寿命损耗,也即减少其寿命损耗等效折算成本。以锂电池储能阵列损耗等效折算成本最小为目标的优化模型的目标函数为

$$\min C_{Case2\_HESS} = \min( C_{loss\_LBarr} + C_{Rpen\_ESS}) \qquad (8.20)$$

式中:$C_{Case2\_HESS}$ 为锂电池储能阵列损耗等效折算成本;$C_{loss\_LBarr}$ 为时间 $T$ 内锂电池储能阵列寿命损耗的等效折算成本,其计算公式为

$$C_{loss\_LBarr} = L_{array\_LB} C_{array\_LB} \qquad (8.21)$$

式中:$C_{array\_LB}$、$L_{array\_LB}$、$C_{loss\_LBarr}$ 分别为锂电池储能系统储能阵列的投资成本、寿命损耗系数和等效损耗折算成本。

式(8.20)中,$C_{Rpen\_ESS}$ 为新增超级电容储能系统后储能系统是否满足有效率约束的惩罚费用,计算公式见式(8.16)。

式(8.18)所示的优化分析模型表示,使得混合储能系统中锂电池储能阵列损耗等效折算成本最低的储能系统方案为最优;待优化参数为各储能系统功率容量 $P_{r\_LB}$、$E_{r\_LB}$、$P_{r\_SC}$、$E_{r\_SC}$ 和控制参数 $T_{f0}$、$\Delta S_{co\_SC}$。约束条件与 8.3.3 小节所建优化模型的约束条件相同。

采用粒子群优化算法求解式(8.19)和式(8.20)所示的优化模型,其算法流程图分别如下:

与考虑总损耗折算成本的综合优化算法流程图(见图 8.23)相比,仅考虑总投资成本和仅考虑锂电池储能阵列损耗折算成本的综合优化(见图 8.25 和图 8.26)在决策变量和惩罚项中相同,在以下方面有所不同:

①仅考虑总投资成本时,无须计算各储能系统的寿命损耗情况,只需根据当前功率与容量 $P_{r\_LB}$、$E_{r\_LB}$、$P_{r\_SC}$、$E_{r\_SC}$ 计算各储能系统的投资成本。

②仅考虑锂电池储能阵列损耗折算成本时,只需根据当前容量 $E_{r\_LB}$ 计算锂电池储能阵列的投资成本和寿命损耗情况,进而得到其损耗折算成本。

③考虑总损耗折算成本时,需要计算所有储能设备的寿命损耗情况,并根据当前功率与容量 $P_{r\_LB}$、$E_{r\_LB}$、$P_{r\_SC}$、$E_{r\_SC}$ 计算各储能系统的投资成本,进而得到混合储能系统的总损耗折算成本。

进行仿真算例分析,说明综合优化主要性能与整体性能在优化结果和适用范围的不同。设 $R_{set} = 99.9\%$、$\Delta T_f = 1$ s、$T_{flim} = 10$、$F_{RC} = 10$ 万美元;混合储能系统功率指令如图 8.24 所示。锂电池储能系统和超级电容储能系统的主要技术参数见表 8.5 所示,相应的配套 PCS 的使

用年限均为 10 年、购置成本见表 8.4。混合储能系统控制策略采用本书提出的协调控制策略。

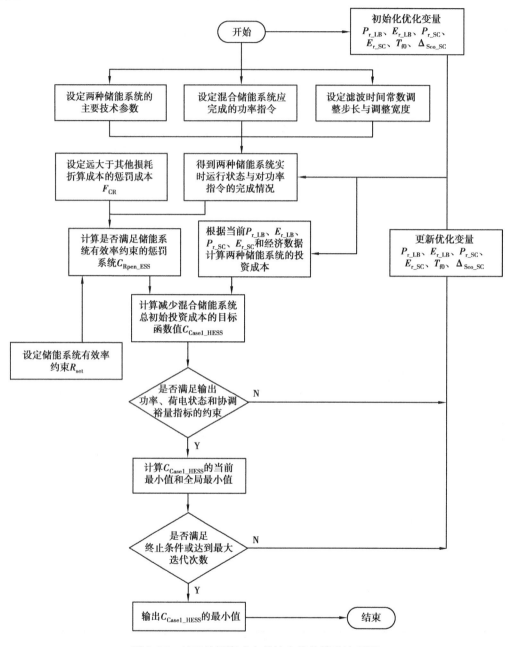

图 8.25　基于总投资成本的综合优化算法流程图

采用粒子群优化算法求得上述两种主要性能优化模型。为了对比,将式(8.13)所示的降低总损耗折算成本的综合优化模型用"Case3"表示。3 种不同优化目标的优化结果见表 8.7,混合储能系统总投资成本和总损耗折算成本见表 8.8。

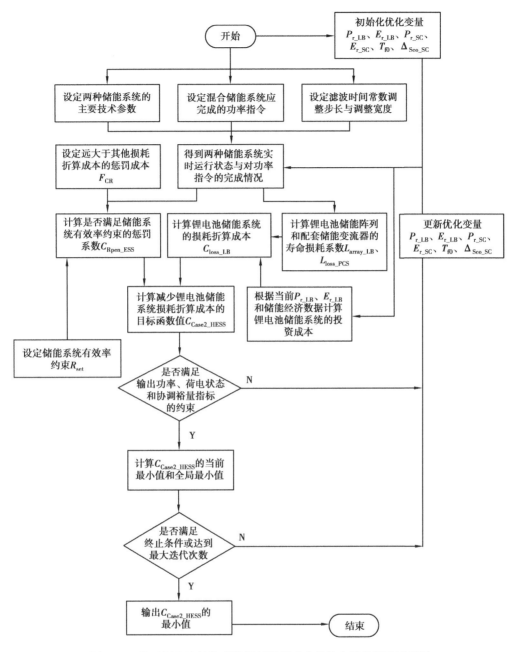

图 8.26　基于锂电池储能系统损耗折算成本的综合优化算法流程图

表 8.7　3 种成本与寿命不同考虑的优化结果

| 优化分析 | 最优参数 | | | | | | 优化目标函数 | | | | |
|---|---|---|---|---|---|---|---|---|---|---|---|
| | $P_{r\_LB}$ /kW | $E_{r\_LB}$ /kW·h | $P_{r\_SC}$ /kW | $E_{r\_SC}$ /kW·h | $T_{f0}$ /s | $\Delta S_{co\_SC}$ | $C_{inve\_HESS}$ /美元 | $C_{loss\_LBarr}$ /美元 | $C_{loss\_HESS}$ /美元 | $C_{Rpen\_ESS}$ /美元 | $C_{opt\_HESS}$ /美元 |
| Case1 | 500 | 779.4 | 300 | 1.73 | 15 | 0.52 | $93.0 \times 10^4$ | — | — | 0 | $93.0 \times 10^4$ |
| Case2 | 500 | 749.6 | 300 | 5.92 | 43 | 0.68 | — | 406.3 | — | 0 | 406.3 |
| Case3 | 500 | 756.8 | 300 | 3.17 | 24 | 0.63 | — | — | 464.7 | 0 | 464.7 |

表8.8 基于优化结果的投资成本与损耗折算成本对比

| 优化分析 | 投资成本 | | | | | 损耗折算成本 | | | | |
|---|---|---|---|---|---|---|---|---|---|---|
| | $C_{array\_LB}$ /$10^4$·美元 | $C_{PCS\_LB}$ /$10^4$·美元 | $C_{array\_SC}$ /$10^4$·美元 | $C_{PCS\_SC}$ /$10^4$·美元 | $C_{inve\_HESS}$ /$10^4$·美元 | $C_{loss\_LBarr}$ /美元 | $C_{loss\_LB}$ /美元 | $C_{loss\_SCarr}$ /美元 | $C_{loss\_SC}$ /美元 | $C_{loss\_HESS}$ /美元 |
| Case1 | 51.1 | 8.2 | 27.2 | 6.5 | 93.0 | 443.2 | 465.7 | 25.2 | 27.0 | 492.7 |
| Case2 | 49.2 | 8.2 | 93.2 | 6.5 | 157.0 | 406.3 | 428.7 | 44.8 | 46.6 | 475.3 |
| Case3 | 49.6 | 8.2 | 49.9 | 6.5 | 114.2 | 415.9 | 438.3 | 27.8 | 29.6 | 467.9 |

从表8.7和表8.8的优化结果可知：

①Case1、Case2、Case3的投资成本对比分析可知：对混合储能系统总投资成本，Case1的投资成本为93.0万美元，比Case2减少64.0万美元，降幅为40.75%；比Case3减少21.2万美元，降幅为18.55%。

若要得到最少的一次性工程预算开支，可以总投资成本最低为目标进行优化。

②Case1、Case2、Case3的损耗折算成本对比分析可知：对混合储能系统总损耗折算成本，Case1的损耗折算成本为492.7美元，比Case2增加17.4美元，增幅为3.67%；比Case3增加24.8美元，增幅为5.29%。

采用混合储能系统投资成本优化时，虽然所需总投资成本比采用损耗折算成本优化时少，但其单位时间内总损耗折算成本明显高于采用损耗折算成本优化时。从全寿命周期成本角度考虑，采用损耗折算成本优化对混合储能系统整体性能改善更有利。

③Case2和Case3均从全寿命周期成本角度进行优化，前者仅考虑锂电池寿命损耗和成本折算，后者考虑整个混合储能系统的寿命损耗和成本折算。锂电池的寿命远小于混合储能系统中其他组成部分的寿命，是混合储能系统性能的主要影响因素。

Case3的总损耗折算费用为467.9美元，而Case2中为475.3美元，仅高7.3美元，相差1.57%，可视为近似最优，可得到近似最优解且考虑简单，在近似计算中可考虑采用这种方式。

④Case2的锂电池储能阵列损耗折算成本为406.3美元，比Case3降低9.6美元，降幅为2.32%。对混合储能系统的总投资成本，Case2比Case3多42.8万美元，高出37.48%。尽管Case2能使锂电池储能阵列损耗折算成本最低，得到混合储能系统总损耗折算成本的近似最小解，但需付出沉重的经济代价。

## 8.4 实际工程中不同储能方案的综合优化分析

目前，混合储能系统能充分利用能量型和功率型储能之间的技术互补性，发挥两种储能技术各自的优势，在理论研究中得到日益广泛的关注，且已应用到一些工程示范中。尽管混合储能技术具有很好的技术经济优势，但在实际工程应用中混合储能系统所占比例还非常低。以用于偏远地区供电的小型独立微电网储能系统为例，建立实际工程中不同储能类型应用方案的技术经济优化模型，以技术经济特性改善程度选择更优的应用方案。

储能系统在实际偏远地区供电的微电网工程应用中,可能出现仅采用单一储能,在单一储能基础上新增超级电容储能和直接采用混合储能3种不同的储能类型应用方案。为了探讨单一储能与混合储能优化运行的技术经济比较,以储能系统作为用于偏远地区供电的小型独立微电网主电源的应用场景为例,进行这3种实际储能方案的综合优化与分析。

### 8.4.1 单一储能

对偏远地区供电的小型独立微电网,若其采用单一储能系统(single energy storage system,SESS),则其一定由如锂电池等能量型储能系统构成。通常只有能量型储能系统的储能变流器具有 Vf 控制运行模式,为该小型独立微电网提供稳定的电压频率支撑,并有足够的储能容量来保证持续供电、实现负荷需求与可再生能源发电出力之间的不平衡能量转移等功能。单一储能系统仅需要进行其本身的过充过放保护和最大充放电功率限值保护,并在储能系统有效率 RESS 要求范围内满足该独立微电网的净负荷需求。

对偏远地区供电的小型独立微电网,当为仅采用单一储能系统的综合优化目标函数为

$$\min C_{\mathrm{opt\_SESS}} = \min(C_{\mathrm{loss\_LB}} + C_{\mathrm{Rpen\_ESS}}) \tag{8.22}$$

式中:$C_{\mathrm{opt\_SESS}}$ 为仅采用单一储能系统的优化目标,即时间 $T$ 内单一储能系统总损耗折算费用;$C_{\mathrm{loss\_LB}}$、$C_{\mathrm{Rpen\_ESS}}$ 与8.3.3小节中对应变量相同。

式(8.22)所示的综合优化模型表示模型的最优解对应时间 $r$ 内使得单一储能系统损耗折算费用最低的方案;待优化参数为 $P_{\mathrm{r\_LB}}$ 和 $E_{\mathrm{r\_LB}}$。

对仅采用单一储能系统优化模型,应满足锂电池储能系统的可输出功率限制约束与荷电状态运行范围约束,以及储能变流器额定功率可选范围约束,见式(8.23)—式(8.25)。

$$P_{\mathrm{clmt\_LB}} \leqslant P_{\mathrm{out\_LB}} \leqslant P_{\mathrm{dlmt\_LB}} \tag{8.23}$$

$$S_{\mathrm{min\_LB}} \leqslant S_{\mathrm{LB}} \leqslant S_{\mathrm{max\_LB}} \tag{8.24}$$

$$P_{\mathrm{r\_LB}} \in \{50,100,200,250,300,400,500,\cdots\} \tag{8.25}$$

此外,单一储能系统总投资成本可用于描述不同方案的一次性成本,作为方案对比的辅助分析指标。仅采用单一储能系统时的总投资成本计算为

$$C_{\mathrm{total\_SESS}} = C_{\mathrm{inve\_LB}} \tag{8.26}$$

式中:$C_{\mathrm{total\_SESS}}$ 为仅采用单一储能系统时的总投资成本;$C_{\mathrm{inve\_LB}}$ 为锂电池储能系统投资成本,即锂电池储能系统储能阵列和对应储能变流器的成本之和,其计算公式为

$$C_{\mathrm{inve\_LB}} = C_{\mathrm{array\_LB}} + C_{\mathrm{PCS\_LB}} \tag{8.27}$$

### 8.4.2 新增超级电容储能

超级电容属于功率型储能,具有功率密度大、可快速充放电和循环寿命长等优点。这种储能与能量型储能(如锂电池等)之间具有很强的技术互补性,若能联合使用,可发挥两种储能系统各自的优点。

在已有工程单一储能基础上,新增超级电容储能(supercapacitor – added ess,SAESS)可直接影响其整体技术经济特性。新增超级电容储能综合优化模型为

$$\min C_{\mathrm{opt\_SAESS}} = \min(C_{\mathrm{loss\_LB}} + C_{\mathrm{loss\_SC}} + C_{\mathrm{Rpen\_ESS}}) \tag{8.28}$$

式中:$C_{\mathrm{opt\_SAESS}}$ 为新增超级电容储能系统的优化目标,即时间 $T$ 内新增超级电容储能系统后的总损耗折算费用;$C_{\mathrm{loss\_LB}}$、$C_{\mathrm{loss\_SC}}$、$C_{\mathrm{Rpen\_ESS}}$ 与8.3.3小节中对应变量相同。

式(8.28)所示的综合优化分析模型表示:模型最优解对应时间 $T$ 内使得在新增超级电容储能系统后总损耗折算费用最低的方案;待优化参数为 $P_{r\_SC}$、$E_{r\_SC}$、$T_{f0}$、$\Delta S_{co\_SC}$,同时 $P_{r\_LB}$、$E_{r\_LB}$ 与仅单一储能系统时相同且不变。

优化模型中,除了锂电池储能系统约束条件外,还应满足超级电容储能系统的可输出功率限制约束与荷电状态运行范围约束、协调裕量指标约束以及超级电容储能变流器额定功率约束,见式(8.29)—式(8.32)。

$$P_{clmt\_SC} \leqslant P_{out\_SC} \leqslant P_{dlmt\_SC} \tag{8.29}$$

$$S_{min\_SC} \leqslant S_{SC} \leqslant S_{max\_SC} \tag{8.30}$$

$$0 \leqslant \Delta S_{co\_SC} \leqslant (S_{max\_SC} - S_{min\_SC}) \tag{8.31}$$

$$P_{r\_SC} \in \{50,100,200,250,300,400,500,\cdots\} \tag{8.32}$$

此外,新增超级电容储能系统后的总投资成本可用作方案对比的辅助分析指标。该总投资成本分为两部分:①原单一储能系统的总投资成本,为固定值;②该新增的超级电容储能系统的投资成本,与其额定容量与额定功率有关。新增超级电容储能系统后的总投资成本计算为

$$C_{total\_SAESS} = C_{tota\_SESS} + C_{inve\_SC} \tag{8.33}$$

式中,$C_{total\_SESS}$、$C_{total\_SAESS}$ 分别为仅采用单一储能系统时和新增超级电容储能系统后的总投资成本;$C_{inve\_SC}$ 为超级电容储能系统投资成本,为超级电容储能系统储能阵列和对应储能变流器的成本之和,其计算公式为

$$C_{inve\_SC} = C_{array\_SC} + C_{PCS\_SC} \tag{8.34}$$

### 8.4.3　混合储能

功率型和能量型储能之间技术互补性,若能直接采用混合储能系统用于小型独立微电网,必将对其整体技术经济性能产生一定的积极影响。为了量化分析该影响效果,建立混合储能系统综合优化模型为

$$minC_{opt\_HESS} = min(C_{loss\_LB} + C_{loss\_SC} + C_{Rpen\_ESS}) \tag{8.35}$$

式中:$C_{opt\_HESS}$ 为混合储能系统的优化目标,即时间,内混合储能系统总损耗折算费用;$C_{loss\_LB}$、$C_{loss\_SC}$、$C_{Rpen\_ESS}$ 与8.3.3小节中对应变量相同。

式(8.35)所示的综合优化分析模型表示:模型最优解对应时间 $T$ 内使得在混合储能系统总损耗折算费用最低的方案;待优化参数为 $P_{r\_LB}$、$E_{r\_LB}$、$P_{r\_SC}$、$E_{r\_SC}$、$T_{f0}$、$\Delta S_{co\_SC}$。

对混合储能系统优化模型,应同时满足两种储能系统的可输出功率限制与荷电状态运行约束、协调裕量指标约束,以及两种储能变流器额定功率约束,见式(8.23)和式(8.24)、式(8.29)—式(8.32)。

此外,直接采用混合储能系统的总投资成本,可用于描述不同配置方案的一次性成本,作为方案对比的辅助分析指标。该总投资成本包括锂电池储能系统和超级电容储能系统的投资成本之和,即

$$C_{total\_HESS} = C_{inve\_LB} + C_{inve\_SC} \tag{8.36}$$

式中:$C_{total\_HESS}$ 为直接采用混合储能系统时的总投资成本;$C_{inve\_LB}$、$C_{inve\_SC}$ 分别为锂电池储能系统和超级电容储能系统的投资成本,均为各自储能阵列与对应储能变流器的成本之和,见式(8.37)和式(8.38)。

$$C_{\text{inve\_LB}} = C_{\text{array\_LB}} + C_{\text{PCS\_LB}} \tag{8.37}$$

$$C_{\text{inve\_SC}} = C_{\text{array\_SC}} + C_{\text{PCS\_SC}} \tag{8.38}$$

### 8.4.4　3 种储能方案的综合分析

锂电池储能系统和超级电容储能系统的主要技术参数、对应变流器寿命与初始购置成本以及相关仿真参数等均与 8.4.3 小节算例中的对应值相同。针对仅采用单一储能(SESS)、新增超级电容储能(SAESS)和直接采用混合储能(HESS)3 种方案,采用粒子群优化算法求解模型,得到最优方案见表 8.9。

表 8.9　3 种储能类型应用方案下储能系统的优化分析结果

| 最优分析 | 最优参数 | | | | | | 损耗折算费用 | | | 投资成本 | | |
|---|---|---|---|---|---|---|---|---|---|---|---|---|
| | $P_{\text{r\_LB}}$ /kW | $E_{\text{r\_LB}}$ /kW·h | $P_{\text{r\_SC}}$ /kW | $E_{\text{r\_SC}}$ /kW·h | $T_{\text{f0}}$ /s | $\Delta S_{\text{co\_SC}}$ | $C_{\text{loss\_LB}}$ /美元 | $C_{\text{loss\_SC}}$ /美元 | $C_{\text{loss\_HESS}}$ /美元 | $C_{\text{inve\_LB}}$ /$10^4$·美元 | $C_{\text{inve\_SC}}$ /$10^4$·美元 | $C_{\text{Inve\_HESS}}$ /$10^4$·美元 |
| SESS | 500 | 781.5 | — | — | | | 577.7 | | 577.7 | 59.4 | — | 59.4 |
| SAESS | — | — | 300 | 3.58 | 28 | 0.54 | 456.7 | 30.6 | 487.4 | | 62.8 | 122.3 |
| HESS | 500 | 756.8 | 300 | 3.17 | 24 | 0.63 | 438.3 | 29.6 | 467.9 | 57.8 | 56.4 | 114.2 |

表 8.9 数据显示:

①在 3 种储能类型应用方案的综合优化结果中,锂电池储能系统损耗折算费用分别为 577.7 美元、456.7 美元和 438.3 美元。与仅含单一储能时的锂电池储能系统损耗折算费用相比,新增超级电容储能后降低了 20.9%,直接采用混合储能后降低了 24.1%。这表明与单一储能系统相比,超级电容储能系统的使用可有效降低锂电池储能系统的损耗折算费用。

②与单一储能相比,新增超级电容储能后需追加 62.8 万美元的投资成本,但储能系统仿真时间内总折旧费用从 577.7 美元降低至 487.4 美元,在单一储能基础上降低了 15.6%。表明新增超级电容虽增加一次性投资,但有效降低了单位时间内独立微电网所需储能系统的总损耗,使其技术经济特性明显优于单一储能系统。

③直接采用混合储能的整体优化,储能系统满足独立型微电网需求的总损耗折算费用降低至 467.9 美元,与仅采用单一储能系统相比降幅达 19.0%。此外,与新增超级电容储能优化相比,直接采用混合储能整体优化不仅在总折旧费用上进一步降低了 4.0%,还使配置成本从 122.3 万美元降低至 114.2 万美元,节约一次性投资 8.1 万美元。直接采用混合储能整体优化可使其技术经济特性进一步提升。

根据表 8.9 中各最优方案分析,可得到 3 种实际工程储能类型方案下各储能系统的输出功率曲线与 SOC 曲线,如图 8.27—图 8.30 所示。

从图 8.27—图 8.30 可知,3 种储能类型应用方案下各储能系统的输出功率和 SOC 都已接近其正常运行所允许的限值,即各储能系统均以最小的功率和容量达到了该应用模式所要求的工作性能,并且后两种储能类型应用方案充分发挥了能量型储能和功率型储能的技术互补优势特性,实现了储能系统整体的最优配比与运行。表 8.9 中的方案参数组合可作为混合储能系统最佳方案参数组合。

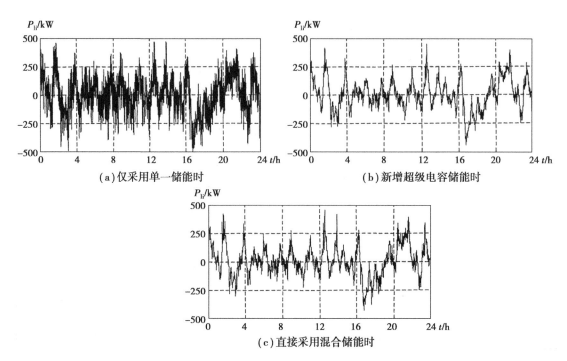

图 8.27　3 种储能类型方案下锂电池储能系统输出功率曲线

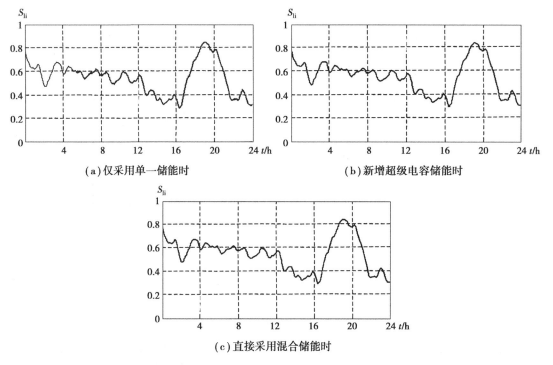

图 8.28　3 种储能类型应用方案下锂电池储能系统 SOC 曲线

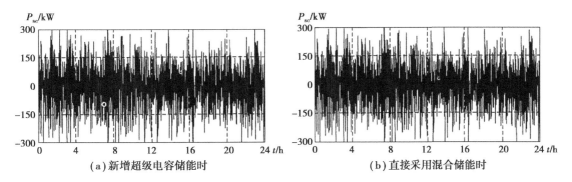

图 8.29　后两种储能类型应用方案下超级电容储能系统输出功率曲线

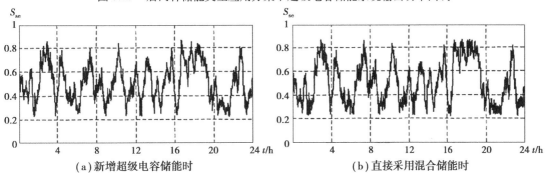

图 8.30　后两种储能类型应用方案下超级电容储能系统 SOC 曲线

# 第9章

# 微电网信息建模、通信技术与监控

在早期电力自动化系统中,为适应以串口为主导的相对低速的通信系统,信息基本以数据点表形式来表示。这种用点表来组织的数据缺乏自我描述功能,数据之间没有逻辑关系,需要通信接收方将接收到的数据组织为应用信息。在设备种类多的自动化控制系统中,不同控制单元之间的数据存在各种翻译问题,信息交互相对困难,且对整个控制系统的未来设备升级改造或扩展都不方便。高速以太网的出现,为大容量实时数据采用模型信息进行传输提供了条件,在规模较大的微电网中,涉及运行控制的设备(含系统)包括分布式发电装置、储能装置、测控保护装置、计算机监控系统等,各种设备的数量和种类众多,采用统一建模的信息通信技术,保证了不同设备之间的互操作性,同时为未来系统升级改造时能够很容易地实现不同厂家的设备互换打下基础。

国际电工委员会制订的 IEC 61850 及 IEC 61970 标准分别是面向电力系统自动化领域的公共通信标准和针对能量管理系统应用程序接口的标准,这两种标准均采用面向对象思想对数据进行统一的信息建模,并基于以太网通信技术进行传输。除以太网通信技术外,其他如现场总线、载波、无线等通信技术在不同的应用场合有各自的特点,在现有的微电网通信网络中根据情况均有所应用。

## 9.1 信息建模原理

### 9.1.1 概述

现代信息建模和通信的目的是传送信息,即把信息源产生的信息(语言、文字、数据、图像等)快速、准确地传到收信者。目前国内外对微电网的信息采集和通信尚缺乏统一的标准,在国内已建成的微电网示范工程中,绝大多数系统信息通信架构的设计仍难以满足微电网对实时性和开放性的要求。常用的一些以数据点表为特征的通信协议标准中,如 Modicon 公司(现属于施耐德电气公司)1979 年发布用于工业现场总线的 Modbus 协议,中国电力部 1992 年发布的循环式远动规约即部颁 CDT 协议以及 IEC 60870-5-101、IEC 60870-5-102、IEC 60870-5-103、IEC 60870-5-104 系列等通信标准,数据是通信双方预先按照固定的排列顺序传输信息,信息模型不具有或具有很弱的自我描述功能,并且信息之间没有逻辑关系,接收方需要自己定义接收到的数据含义,并进行数据值的量程转换等处理,数据品质缺乏统一,同时功能相同的不同厂家的设备所上送的信息差异很大。

采用面向对象思想设计的通信接口标准[Object Linking and Embedding (OLE) for Process Control,OPC],它的出现为基于 Windows 的应用程序和现场过程控制应用建立了桥梁。以前为了存取现场设备的数据信息,每一个应用软件开发商都需要编写专用的接口函数,但现场设备种类繁多,且产品不断升级,往往给用户和软件开发商带来了巨大的工作负担。这样仍不能满足工作的实际需要,系统集成商和开发商急需一种具有高效性、可靠性、开放性、可互操作性的即插即用的设备驱动程序。在这种情况下,OPC 标准应运而生。OPC 标准以微软公司的OLE 技术为基础,主要应用于基于 Windows 系统的控制软件,多用于各厂家的设备管理子系统之间的通信,在微电网中应用不多。

IEC 61850 和 IEC 61970 标准是 IEC 组织专门针对电力应用所制订的建模标准,不仅采用了面向对象的设计思想,而且实现了对象功能的信息模型统一。在现有的标准体系中有 3 个标准体系适合微电网信息建模:适用于微电网内部的 IEC 61850 标准和 IEC 61400-25 标准,适用于微电网和大电网之间通信的 IEC 61970 标准。IEC 61400-25 标准采用 IEC 61850 标准的信息建模方法,主要对风电机组进行了信息建模。信息建模的目的主要是支持不同制造厂生产的智能电子设备具有互操作性(互操作性是指能够工作在同一个网络上或者通信通路上共享信息和命令的能力)。

(1)IEC 61850 标准

从 1994 年开始,IEC TC57"变电站控制和继电保护接口"工作组提出制订变电站自动化系统通信标准,2005 年 10 个部分全部发布后形成了 IEC 61850 标准第一版,当时主要用于变电站通信,通过应用标准的信息模型在欧洲和我国进行了多次互操作试验,能够达到预期目标。IEC 61850 标准第一版的成功使 IEC 迅速得到推进,IEC 61850 标准面向对象的信息建模思想推广到电力系统其他领域,2009 年陆续发布了 IEC 61850-7-410 和 IEC 61850-7-420 等标准。

IEC 61850 标准对应我国的电力行业标准是 DL/T 860,目前我国的大多数变电站均已采用 IEC 61850 标准。微电网的设备基本涵盖变电站的所有设备,IEC 61850 标准也非常适用于微电网的信息通信。

IEC 61850 用于在变电站自动化相关设备及系统之间建立一致的通信服务和信息传输语义,达到互操作性,其信息模型属于传输信息模型。

①模型语义。IEC 61850 的模型是对功能和设备基于通信表示的一种抽象表述,其语义以功能分解为参考,代表了信息的传输语义。

②互操作性条件。IEC 61850 互操作性以变电站自动化相关设备之间的通信为条件,只是要求信息传输过程中具有确定的一致的语义,与应用功能无关。

③以通信服务为前提。IEC 61850 通信服务由抽象模型类中的面向对象方法构成,为了保证通信服务的一致性,IEC 61850 采用了面向对象方法中的封装技术,要求一切信息模型均由抽象模型类派生而来。

④建模过程。IEC 61850 的信息建模过程是以通信服务为前提的信息封装过程,不存在复杂的模型分析和构造,使用基于 XML 的 SCL 语言进行描述,包括信息与通信服务的对应、

信息的裁减和扩充。

⑤配套技术。通信服务往往受到网络底层协议的制约,限制了通信服务对技术发展的适应性,在 IEC 61850 中以 SCSM(特定通信服务映射)实现 ACSI(抽象通信服务)向底层协议栈的映射,既保证了通信服务的一致性和唯一性,也适应了通信协议栈的不同和变化。

IEC 61850 的信息建模以通信服务为中心,虽然信息语义参考了功能的分解,但目的是寻求可以取得一致的语义约定,信息模型所体现的是通信角度的信息表示,并非信息之间的物理逻辑,它是一种传输信息的模型。

**(2)IEC 61970 标准**

IEC 61970 是由 IEC TC57 WG13 负责制订的用于定义 EMS 应用程序接口(Application Programming Interface,API)的系列标准,又称为 EMSAPI 标准,对应我国的电力行业标准 DL/T 890。IEC 61970 适用于微电网的能量管理系统与其他电力网的能量管理系统进行信息交互。

IEC 61970 用于提供统一的应用程序接口和信息应用语义,以促进不同厂商独立开发的各种应用程序的集成,支持互操作性和即插即用,其信息模型 CIM 属于应用信息模型。

①模型语义。IEC 61970 中的 CIM 是一个抽象模型,它表示了 EMS 信息模型中典型包含的电力企业的所有主要对象的表述,明确表示 CIM 用于 EMS 环境,CIM 的信息语义用于 EMS 程序。

②互操作性条件。IEC 61970 互操作性以 API 为条件,构建 API 的组件接口规范(Component Interface Specification,CIS),以典型应用程序进行分组,与 EMS 应用直接相关。

③以反映模型关系为前提。IEC 61970 的 CIM 以能够反映信息模型的关系,如关联、聚合、合成聚合、共享聚合等为前提,在信息建模中采用面向对象的分析和构造技术,与面向对象的类服务没有直接的联系。

④建模方法。IEC 61970 建模过程事实上是对 EMS 应用环境的面向对象的分析过程和模型关系的构造过程,较为复杂,采用了功能强大的建模语言 UML,重点在于模型的构造。

⑤配套技术。应用程序接口往往受到操作系统、网络环境的限制,IEC 61970 采用 CIS,将 API 建立在 CORBA、DCOM 等组件平台的基础上,使 API 不依赖特定的操作系统和网络环境。

IEC 61970 的 CIM 是针对 EMS 应用的,以建立信息对象之间的关系为中心,建模过程为对 EMS 应用环境的面向对象分析和构造,信息模型是一种应用信息模型,它代表了信息之间的物理逻辑。

### 9.1.2 面向对象的建模原理

面向对象的信息建模是目前信息通信技术发展的趋势,面向对象方法学认为:客观世界是由各种"对象"所组成的,每一个对象都有自己的运动规律和内部状态,每一个对象都属于某个对象"类",复杂的对象可以由相对比较简单的各种对象以某种方式组成。通过类比发现对象间的相似性,即对象间的共同属性,这就是构成对象类的根据。对已分成类的各个对象,可以通过定义一组"方法"来说明该对象的功能。面向对象技术是基于对象概念的,现实世界是由各式各样独立的、异步的、并发的实体对象组成,每个对象都有各自的内部状态和运动规律,不同对象之间或某类对象之间的相互联系和作用构成了各种不同的系统。

对象的属性是指描述对象的数据,可以是系统或用户定义的数据类型,也可以是一个抽象的数据类型,对象属性值的集合称为对象的状态。对象的行为是定义在对象属性上的一组操作方法的集合。方法是响应消息而完成的算法,表示对象内部实现的细节,对象的方法集合体现了对象的行为能力。对象的属性和行为是对象定义的组成要素。

　　类是对象的抽象及描述,是具有共同属性和操作的多个对象相似特性的统一描述体。在类的描述中,每个类要有一个名字,要表示一组对象的共同特征,还必须给出一个生成对象实例的具体方法。类中的每个对象都是该的对象实例,即系统运行时通过类定义属性初始化可以生成该类的实例对象。实例对象是描述数据结构,每个对象都保存其自己的内部状态,一个类的各个实例对象都能理解该所属类发来的消息。类提供了完整的解决特定问题的能力,类描述了数据结构(对象属性)、算法(方法)和外部接口(消息协议)。

　　类由方法和数据组成,它是关于对象性质的描述,包括外部特性和内部实现两个方面。类通过描述消息模式及其相应的处理能力来定义对象的外部特性,通过描述内部状态的表现形式及固有处理能力的实现来定义对象的内部实现。一个类实际上定义的是一种对象类型,它描述了属于该类型所有对象的性质。

　　一个类可以生成多个不同的对象,同一个类的对象具有相同的性质,一个对象的内部状态只能由其自身来修改,同一个类的对象虽然在内部状态的表现形式上相同,但可有不同的内部状态。从理论上讲,类是一个抽象数据类型的实现,一个类的上层可以有超类,下层可以有子类,形成一种类层次结构。这种层次结构的一个重要特点是继承性,一个类继承其超类的全部描述,这种继承具有传递性,一个类实际上继承了层次结构中在其上面所有类的全部描述。属于某个类的对象除具有该类所描述的特性外,还具有层次结构中该类上面所有类描述的全部特性。抽象类是一种不能建立实例的类,抽象类将有关的类组织在一起,提供一个公共的根,其他的子类从这个根派生出来。抽象类刻画了公共行为的特性并将这些特征传给它的子类,通常一个抽象类只描述与这个类有关的操作接口,或是这些操作的部分实现,完整的实现被留给一个或几个子类。抽象类已为一个特定的选择器集合定义了方法,并且有些方法服从某种语义。抽象类的用途是用来定义一些协议或概念。综上所述,类是一组对象的抽象,它将该种对象所具有的共同特征集中起来,由该种对象所共享。

　　消息是面向对象系统中实现对象间通信和请求任务的操作,一个对象所能接受的消息及其所带的参数,构成该对象的外部接口。对象接受它能识别的消息,并按照自己的方式来解释和执行。一个对象可以同时向多个对象发送消息,也可以接受多个对象发来的消息。消息只反映发送者的请求,由于消息的识别、解释取决于接受者,因此同样的消息在不同对象中可解释成不同的行为。对象间传送的消息一般由 3 个部分组成,即接受对象名、调用操作名和必要的参数。消息协议是一个对象对外提供服务的规定格式说明,外界对象能够并且只能向该对象发送协议中所提供的消息,请求该对象服务。在具体实现上,将消息分为公有消息和私有消息,而协议则是一个对象所能接受的所有公有消息的集合。

　　把所有对象分成各种对象类,每个对象类都定义一组所谓的“方法”,它们实际上可视为允许作用于各对象上的各种操作。

　　封装是一种信息隐蔽技术,用户只能见到对象封装界面上的信息,对象内部对用户是隐蔽的。封装的目的在于将对象的使用者和对象的设计者分开,使用者不必知道行为实现的细节,只需用设计者提供的消息来访问该对象。封装性是面向对象具有的一个基本特性,其目的是有效地实现信息隐藏原则。封装是一种机制,它将某些代码和数据链接起来,形成一个自包含的黑盒子(即产生一个对象)。一般地讲,封装的定义如下:

①一个清晰的边界,所有对象内部软件的范围被限定在这个边界内,封装的基本单位是对象。

②一个接口,这个接口描述该对象与其他对象之间的相互作用。

③受保护的内部实现,提供对象的相应软件功能细节,且实现细节不能在定义的该对象类之外。

面向对象概念的重要意义在于,它提供了令人较为满意的软件构造封装和组织方法:以类/对象为中心,既满足用户要求的模块原则和标准,又满足代码复用要求。客观世界的问题论域及具体成分,在面向对象系统中最终只表现为一系列的类/对象。

对象的组成成员中含有私有部分、保护部分和公有部分,公有部分为私有部分提供一个可以控制的接口。也就是说,在强调对象的封装性时,必须允许对象有不同程序的可见性。可见性是指对象的属性和服务允许对象外部存取和引用的程度。面向对象的程序设计技术鼓励人们把问题论域分解成几个相互关联的子问题,每个子类都是一个自包含对象。一个子类可以继承父类的属性和方法,还可以拥有自己的属性和方法,子类也能将其特性传递给自己的下一级子类,这种对象的封装、分类层次和继承概念,与人们在对真实世界认识的抽象思维中运用的聚合和概括相一致。将对象的定义和对象的实现分开是面向对象系统的一大特色。封装本身即模块性,把定义模块和实现模块分开,就使得用面向对象技术所开发设计的软件维护性、修改性较为改善。

继承性体现了现实中对象之间的独特关系。既然类是对具体对象的抽象,那么就可以有不同级别的抽象,就会形成类的层次关系。若用结点表示类对象,用连接两个结点的无向边表示其概括关系,就可用树形图表示类对象的层次关系。继承关系可分为一代或多代继承、单继承和多继承。子类仅对单个直接父类的继承称为单继承。子类对多于一个的直接父类的继承称为多继承。就继承风格而言,还有全部继承和部分继承等。继承性是自动的共享类、子类和对象中的方法和数据的机制。每个对象都是某个类的实例,一个系统中类对象是各自封闭的。如果没有继承机制,则类对象中数据和方法就可能出现大量的重复。

多态性本是指一种有多种形态的事物,这里是指同一消息为不同的对象所接受时,可导致不同的行为。多态性支持"同一接口,多种方法",使重要算法只写一次而在低层可多次复用。多态即一个名字可具有多种语义,在面向对象的语言中,多态引用表示可引用多个类的实例。多态具有可表示对象的多个类的能力,它既与动态类型有关又与静态类型有关。

IEC 61850 与 IEC 61970 标准对系统信息建模采用了面向对象的设计思想,将整个系统根据功能划分为一个个小的通信对象,每个对象的信息模型采用统一的描述方法,每个智能设备或软件模块由若干个功能对象组成。不同厂家的设备或软件模块表现的外特性差别较大,但内部实现系统的基本功能则有其统一性的一面。通过功能划分,将信息模型进行统一后,不同设备之间操作变得通用,在实现互操作的基础上实现了设备互换性。在微电网应用上,采用了统一建模的智能设备和系统互联互通变得相当简单,信息含义无须特别设定,设备更新换代对整个系统的影响缩小到最小范围,系统运行维护大大提高了效率。遗憾的是 IEC 61850 和 IEC 61970 标准制订时是两个工作组并行工作,在对同类电力设备的信息模型制订中并没有采用一致的描述方法,这给标准在实际应用中带来了一些不便。

## 9.2　监控系统信息建模

微电网中涉及的变电设备、线路等设备,其监控系统的信息模型与 IEC 61850 对变电站定义的信息模型没有差异,在对发电单元运行控制方面,大型风机相关信息模型在 IEC 61400-25 中定义,其他的分布式能源信息模型都在 IEC 61850-7-420 中定义。

### 9.2.1　IEC 61850 信息建模方法

**(1)信息建模概览**
IEC 61850 标准的数据信息模型对在不同设备和系统间交换的数据提供标准的名称和结构,用于开发 IEC 61850 信息模型的对象层次结构如图 9.1 所示。

图9.1　信息模型的对象层次结构

按照从下向上的过程描述如下:
①标准数据类型:布尔量、整数、浮点数等通用的数值类型。
②公共属性:可以应用于许多不同对象的已经定义好的公共属性,如品质属性。
③公用数据类(Common Data Class,CDC):建立在标准数据类型和已定义公共属性基础之上的一组预定义集合,如单点状态信息(Single Point Status,SPS)、测量值(Measure Value,MV)以及可控的双点(Double Point Control,DPC)。
④数据对象(Data Object,DO):与一个或多个逻辑节点相关的预先定义好的对象名称。它们的类型或格式由某个公用数据类(CDC)定义,它们仅仅排列在逻辑节点中。
⑤逻辑节点(Logic Node,LN):预先定义好的一组数据对象的集合,可以服务于特定功能,能够用作建造完整设备的基本构件,如测量单元 MMXU 提供三相系统所有的电气测量(电压、电流、有功、无功和功率因数等)。
⑥逻辑设备(Logic Device,LD):设备模型由相应的逻辑节点组成,为特定设备提供所需的信息。例如,电力断路器可以由 XCBR(开关短路跳闸)、XSWI(控制和监督断路器和隔离设备)、CPOW(断路器定点分合)、CSWI(开关控制器)和 SIMG(断路器绝缘介质监视)等逻辑节点组成。

控制器或服务器包含用于管理相关设备的 IEC 61850 逻辑设备模型,这些逻辑设备模型由一个或多个物理设备模型以及设备所需的所有逻辑节点组成。

153

逻辑设备、逻辑节点、数据对象、公用数据类之间的关系示例如图9.2所示。

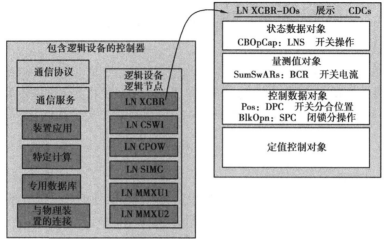

图9.2　逻辑设备、逻辑节点、数据对象、公用数据类之间的关系示例

对每个逻辑节点的具体实现,所有的强制项应该包含在内(在 M/O/C 这一列中用 M 表示)。为了清晰起见,以典型的逻辑设备为单位编排这些逻辑节点的描述,这些逻辑节点可以是该逻辑设备的一部分,也可以根据需要使用或不使用。

逻辑节点表说明见表9.1。

表9.1　逻辑节点表说明

| 列表头 | 描　述 |
|---|---|
| 数据对象名 | 数据对象的名称 |
| 公用数据类 | 定义数据对象结构的公用数据类,参见 IEC 61850-7-3。关于服务跟随逻辑节点的公用数据类,参见 IEC 61850-7-2 |
| 解释 | 关于数据对象及其如何使用的简短解释 |
| T | 瞬变数据对象:带有该标志的数据对象状态是瞬变的,必须加以记录或报告以便为它们的瞬变状态提供证据,有些 T 仅仅在建模层面有效 |
| M/O/C | 这一列定义在一个特定的逻辑节点实例中,数据对象是强制的(M)、可选的(O)还是有条件选择(C)的 |

系统逻辑节点是系统特定的信息,包括系统逻辑节点数据(如逻辑节点的行为、铭牌信息、操作计数器)以及与物理设备相关的信息(逻辑节点是 LPHD),该物理设备包含了逻辑设备和逻辑节点,这些逻辑节点(LPHD 和公共逻辑节点)独立于应用领域。所有其他逻辑节点都是领域特定的,但要从公共逻辑节点中继承强制数据和可选数据。

逻辑节点类中的数据对象按照以下的类别进行了分组:

①不分类别的数据对象(公共信息)。不分类别的数据对象(公共信息)是与逻辑节点类描述的特定功能无关的信息,强制数据对象(M)对所有的逻辑节点都是通用的,应该在所有特定功能的逻辑节点中使用,可选数据对象(O)可以在所有特定功能的逻辑节点中使用,特定的逻辑节点类应该表明在公共逻辑节点类中的可选数据对象在该逻辑节点类中是否是强制的。

②量测值。量测值是直接测量得到的或通过计算得到的模拟量数据对象,包括电流、电压、功率等。这些信息是由当地生成的,不能由远方修改,除非启用取代功能。

③控制。控制是由指令改变的数据对象,如开关状态(合/分)、分接头位置或可复位计数器。通常它们是由远方改变的,在运行期间改变,其频繁程度要远远大于定值设置。

④计量值。计量值是在一定时间内测得的以数量(如电能量)表示的模拟量数据对象。这些信息是由当地生成的,不能由远方修改,除非启用取代功能。

⑤状态信息。状态信息是一种数据对象,它表示运行过程的状态,或者表示配置在逻辑节点类中功能的状态。这些信息是由当地生成的,不能由远方修改,除非启用取代功能,这些数据对象中的大部分是强制性的。

⑥定值。定值是操作功能所需的数据对象。许多定值与功能的实现有关,只对获得了普遍认可的小部分进行了标准化,它们可以由远方改变,但正常情况下不会很频繁。

**(2)信息建模类型**

信息建模类型主要包含基本数据类型、公共数据类型和逻辑节点。

基本数据类型主要有布尔(BOOLEA)、8 位整数(INT8)、16 位整数(INT16)、32 位整数(INT32)、128 位整数(INT128)、8 位无符号整数(INT8U)、16 位无符号整数(INT16U)、32 位无符号整数(INT32U)、32 位浮点数(FLOAT32)、64 位浮点数(FLOAT64)、枚举(ENUMBEATED)、编码枚举(CODED ENUM)、8 位位组串(OCTET STRING)、可视字符串(VISIBLE STRING)和统一编码串(UNI CODE STRING)。

公共数据属性类型被定义用于公共数据类,主要有:

①品质:包含关于服务器信息质量的信息。

②模拟值:代表基本数据类型整型或浮点型。

③模拟值配置:用于代表模拟值的整型数值的配置。

④范围配置:用于定义测量值范围的界限的配置。

⑤带瞬间指示的位置:用于如转换开关位置的指示。

⑥脉冲配置:用于由命令产生的输出脉冲的配置。

⑦始发者:包含与代表可控数据的数据属性最后变化的始发者的相关信息。

⑧单位。

⑨向量。

⑩点。

⑪控制模式。

⑫操作前选择。

公共数据类针对下列情况对公共数据进行分类:

①状态信息的公共数据类。

②测量信息的公共数据类。

③可控状态信息的公共数据类。

④可控模拟信息的公共数据类。

⑤状态设置的公共数据类。

⑥模拟设置的公共数据类。

⑦描述信息的公共数据类。

逻辑节点组表见表9.2,逻辑节点名应以代表该逻辑节点所属逻辑节点组的组名字符为其节点名的第一个字符,对分相建模(如开关、互感器),应每相创建一个实例。

表9.2　逻辑节点组表

| 逻辑节点组指示符 | 节点标志 |
|---|---|
| A | 自动控制 |
| C | 监控 |
| G | 通用功能引用 |
| I | 接口和存档 |
| L | 系统逻辑节点 |
| M | 计量和测量 |
| P | 保护功能 |
| R | 保护功能 |
| S | 传感器、监视 |
| T | 仪用互感器 |
| X | 开关设备 |
| Y | 电力变压器和相关功能 |
| Z | 其他(电力系统)设备 |

逻辑节点类由4个字母表示,第一个字母是所属的逻辑节点组,后3个字母是功能的英文简称。

通信信息模型在无法满足需求时的扩展原则如下:

①逻辑节点的使用及扩展。

a.如果现有逻辑节点类适合待建模的功能,应使用该逻辑节点的一个实例及其全部指定数据。

b.如果这个功能具有相同的基本数据,但存在许多变化(如接地、单相、区间A、区间B等),应使用该逻辑节点的不同实例。

c.如果现有逻辑节点类不适合待建模的功能,应根据专用逻辑节点类规定,创建新的逻辑节点类。

②数据的使用及扩展。

a.如果除指定数据外,现有可选数据满足待建模功能的需要,应使用这些可选数据。

b.如果相同的数据(指定或可选)需要在逻辑节点中多次定义,对新增数据加以编号扩展。

c.如果在逻辑节点中,分配的功能没有包含所需要的数据,第一选择应使用数据列表中的数据。

d.如果数据列表中没有一个数据覆盖功能开放要求,应依据新数据规定,创建新的数据。

③使用编号数据规定。逻辑节点中标准化的数据名提供数据唯一标志。若相同数据(即

具有相同语义的数据)需要定义多次,则应使用编号扩展增添数据。

新数据命名规则:当标准逻辑节点中数据无法满足需要时,可按规则创建"新的"数据。

①为构成新数据名,应使用规定的缩写。

②指定一个 IEC 61850-7-3 中定义的公用数据类。如果无标准的公用数据类满足新数据的需要,可扩展或使用新的数据类。

③任何数据名应仅分配指定一个公用数据类(CDC)。

④新逻辑节点类应依据 IEC 61850-7-1 中的概念和规定以及 IEC 61850-7-3 中给出的属性,采用"名称空间属性"加以标记。

新公用数据类(CDC)命名规定:对新数据名,当没有合适的公用数据类(CDC)时,可扩展公用数据类或创建新的公用数据类。IEC 61850-7-3 给出了创建新公用数据类的规定。依据 IEC 61850-7-1 中的概念和规定以及 IEC 61850-7-3 中给出的属性,新的公用数据类应由"名称空间属性"加以标记。

**(3)信息建模方法**

IEC 61850 通用方法是将应用功能分解为用于通信的最小实体,将这些实体合理地分配到智能电子设备(Intelligent Electronic Device,IED),实体又称为逻辑节点。在 IEC 61850-5 中从应用观点出发定义了逻辑节点的要求,基于它们的功能,这些逻辑节点包含带专用数据属性的数据,按照定义好的规则和 IEC 61850-5 提出的性能要求,由专用服务交换数据和数据属性所代表的信息。

功能分解和组合过程如图 9.3 所示,为支持大多数公共应用定义了在逻辑节点中所包含的数据类。

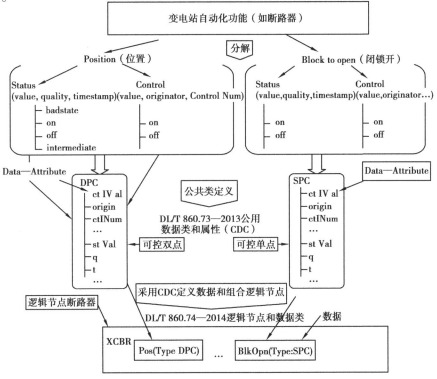

图 9.3　功能分解和组合过程

选择功能的最小部分(断路器模型的摘录)为例解释分解过程,在断路器的许多属性中,断路器有可被控制和监视的位置属性和防止打开的能力(如互锁时、闭锁开)。位置包含一些信息,它代表位置的状态,具有状态值(合、开、中间、坏状态)、值的品质、位置最近改变的时标。另外,位置提供控制操作的能力:控制值(合、开),保持控制操作的记录,始发者保存最近发出控制命令实体的信息,控制序号为最近控制命令顺序号。

在位置(状态、控制等)下组成的信息代表一个可多次重复使用的非常通用的 4 个状态值公共组,类似的还有"闭锁开"的两个状态值的组信息,这些组称为 CDC。

4 个状态可重复使用的类定义为 DPC,两个状态可重复使用的类定义为 SPC。IEC61850-7-3 为状态、测量值、可控状态、可控模拟量、状态设置、模拟量设置等定义了约 30 种公用数据类。

实例化是建模的重要过程,通过在逻辑节点类增加前缀和后缀形成逻辑节点实例。数据属性有标准化名和标准化类型,树形 XCBR1 信息如图 9.4 所示,在图 9.4 的右侧是相应的引用(对象引用),这些引用用于标记树形信息的路径信息,图中介绍了"开关位置"(名 = Pos)的内容。

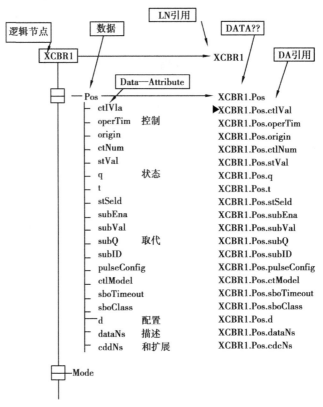

图 9.4 树形 XCBR1 信息

实例 XCBR1(XCBR 的第 1 个实例)是逻辑节点各级的根,对象引用 XCBR1 引用整个树。XCBR1 包含数据如 Pos 和 Mode,在 IEC 61850-7-4 中精确定义数据位置(Pos)。Pos 的内容约有 20 个数据属性,DPC 属性取自公用数据类(双点控制),DPC 中定义的数据属性部分为强制性,其他为可选。只有在特定应用中数据对象要求这些数据属性时,才继承那些数据属性。如

果位置不要求支持取代,那么在 Pos 数据对象中不要求数据属性 subEna、subVal、subQ 和 sub-
ID。

访问数据属性的信息交换服务利用分层树,用 XCBRl. Pos. ctlVal 定义可控数据属性,控
制服务正好在这个断路器的可控数据属性上操作。状态信息可以作为名为"AlarmXCBR"的
数据集的一个成员(XCBRl. Pos. stVal)引用,数据集由名为"Alarm"的报告控制块引用。可
以配置报告控制块,每次断路器状态改变时(由开变成合或合变成开)向特定计算机发送
报告。

### 9.2.2 IEC 61850-7-420 信息模型

在世界范围内,接入电力系统的分布式能源(Distributed Energy Resources,DER)系统正在
不断增加。随着分布式能源技术的发展,其对微电网的影响越来越大。

分布式能源设备的制造厂家正面临着这样一个老问题:为他们的用户提供什么样的通信
标准和协议。以前分布式能源设备制造厂开发他们自己专有的通信技术,然而,当电力企业、
集成商以及其他能源服务提供商开始管理与电力系统互联的分布式能源设备时,他们发现处
理不同的通信技术存在许多技术困难,增加实施成本和维护成本。电力企业和分布式能源设
备制造厂都认识到,需要一个为所有分布式能源设备规定通信和控制接口的国际标准,于是在
2009 年制订了 IEC 61850-7-420。

在 IEC 61850-7-420 中定义了分布式电源的信息模型,分布式电源逻辑节点表见表9.3。

#### 表9.3 分布式电源逻辑节点表

| 逻辑节点类 | 描 述 | 逻辑节点类 | 描 述 |
|---|---|---|---|
| DGEN | DER 单元发电机 | DRAT | DER 发电机参数 |
| DREX | 励磁参数 | DEXC | 励磁名称 |
| DSFC | 速度/频率控制器 | ZRCT | 整流器 |
| ZINV | 逆变器 | DRCT | DER 控制器特性 |
| DRCS | DER 控制器状态 | DFCL | 燃料电池控制器 |
| DSTK | 燃料电池堆 | DFPM | 燃料处理模块 |
| DPVM | 光伏模块参数 | DPVA | 光伏阵列特性 |
| DPVC | 光伏阵列控制器 | DTRC | 跟踪控制器 |
| DCTS | 热存储 | MFUL | 燃料特性 |
| ZBAT | 电池系统 | ZBTC | 电池充电器 |
| STMP | 温度测量 | MPRS | 压力测量 |
| MHET | 热测量值 | MMET | 气象信息 |

其中逆变器 ZINV 信息见表9.4。

表 9.4　逆变器 ZINV 信息

| 数据对象名 | 公用数据类 | 解　释 | M/O/C |
|---|---|---|---|
| ZINV 类 | | | |
| 数据 | | | |
| 状态信息 | | | |
| WRtg | ASG | 最大功率额定值 | M |
| VarRtg | ASG | 最大无功额定值 | O |
| SwTyp | ENG | 开关类型 | O |
| CoolTyp | ENG | 冷却方法类型 | O |
| PQVLim | CSG | P-V-Q 约束曲线集 | O |
| GridModSt | ENS | 电流连接模式 | O |
| Stdby | SPS | 逆变器备用状态——True:备用 | O |
| CurLev | SPS | 用于操作的直流电电流状态——True:有充足的电流 | O |
| CmutTyp | ENG | 换相类型 | O |
| IsoTyp | ENG | 隔离类型 | O |
| SwHz | ASG | 转换开关的标称频率 | O |
| GridMod | ENG | 电源系统接入电网的模式 | O |
| 定值 | | | |
| ACTyp | ENG | 交流电系统类型 | M |
| PQVLimSet | CSG | PQV 约束曲线族中被激活的特性曲线 | M |
| OutWSet | ASG | 输出功率设定值 | M |
| OutVarSet | ASG | 输出无功设定值 | O |
| OutPFSet | ASG | 以角度表示的功率因数设定值 | O |
| OutHzSet | ASG | 频率设定值 | O |
| InALim | ASG | 输入电流限值 | O |
| InVLim | ASG | 输入电压限值 | O |
| PhACnfg | ENG | 逆变器 A 相馈电配置 | O |
| PhBCnfg | ENG | 逆变器 B 相馈电配置,其枚举值参见 PhACnfg | O |
| PhCCnfg | ENG | 逆变器 C 相馈电配置,其枚举值参见 PhACnfg | O |
| 测量值 | | | |
| HeatSinkTmp | MV | 散热器温度:如果超过最大限值就告警 | O |
| EnclTmp | MV | 外壳温度 | O |
| AmbAirTemp | MV | 周边空气温度 | O |
| FanSpdVal | MV | 测得的风扇速度:(单位时间内的)旋转数或叶片数 | O |

逆变器将直流电转换为交流电,直流电可以是发电机的直接输出,也可以是发电机输出的交流电经过整流以后形成的中间能量形态。其中电源系统接入电网的模式(GridMod)取值可为电流源逆变器(Current Source Inverter,CSI)、电压控制的电压源逆变器(Voltage Controlled Valtage Source Inverter,VC VSI)、电流控制的电压源逆变器(Current Controlled Voltage Source Inverter,CC VSI)和其他。

**(1)公共数据类型**

在 IEC 61850-7-420 中新增加了 4 个公共数据类。

1)阵列公用数据类

①E-ARRAY(ERY)枚举型公用数据类规范。

②V-ARRAY(VRY)可见字符串型公用数据类规范。

2)计划安排公用数据类

①绝对时间计划(Absolute Schedule,SCA)定值公用数据类规范。

②相对时间计划(Relative Schedule,SCR)定值公用数据类规范。

与光伏系统有关的逻辑节点的例子如图9.5所示,该示意图没有包括所有可能需要实现的逻辑节点,仅仅示例了创建信息模型的途径。

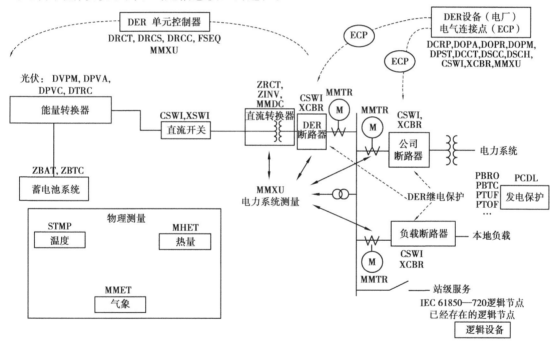

图9.5 与光伏系统有关的逻辑节点的例子

**(2)逻辑设备功能**

建立逻辑设备需要以下功能以便可以自动化操作光伏发电系统:

①开关设备操作:控制断路器和隔离设备的功能。

②保护:在故障情况下保护电力设备和人员的功能。光伏发电特定的保护是"直流接地故障保护功能",需要用在许多光伏发电系统中以减少火灾危险并提供电力冲击保护,该功能已包含在接地故障/接地检测逻辑节点 PHIZ 中。

③测量和计量:获得电压和电流等电气量值的功能,交流测量包含在交流测量值逻辑节点

161

MMXU 中,直流测量包含在直流测量值逻辑节点 MMDC 中。

④直流到交流的变换:用于控制和检测逆变器的功能,这些包含在 ZRCT 和 ZINV 中。

⑤阵列操作:使阵列输出功率最大化的功能,包括调整电流和电压水平以获得最大功率点(Maximum Power Point,MPP),以及操控系统跟随太阳的移动,这个功能特别用于光伏发电。

⑥孤岛效应:使光伏发电系统和电力系统同步运行的功能,包含反孤岛效应,这些功能包含在 DRCT 和 DOPR 中。

⑦能量储存:存储由系统产生多余能量的功能,在小型光伏发电系统中储存能量通常使用蓄电池,在较大的光伏发电系统中则可以使用压缩空气或其他方法,这个标准中用于储存能量的电池模型以 ZBAT 和 ZBTC 表示,压缩空气还没有建模。

⑧气象监测:获得太阳辐射和环境温度等气象测量值的功能,这些包含在 MMET 和 STMP 中。

**(3)光伏逻辑设备的逻辑节点**

除了 DER 管理所需的逻辑节点之外,光伏逻辑设备可以包含以下逻辑节点:

① DPVM:光伏发电组件额定值,为一个组件提供额定值。

②DPVA:光伏发电阵列特性,提供光伏发电阵列或子阵列的一般信息。

③DPVC:光伏发电阵列控制器,用于最大化阵列的功率输出,光伏发电系统中的每一个阵列(或子阵列)对应该逻辑节点的一个实例。

④DTRC:跟随控制器,用于跟随太阳的移动。

⑤CSWI:描述操作光伏发电系统中各种开关的控制器,CSWI 总是与 XSWI 或 XCBR 联合使用,XSWI 或 XCBR 标志是用于直流还是交流。

⑥XSWI:描述在光伏发电系统与逆变器之间的直流刀闸,也可以描述位于逆变器和电力系统物理连接点处的交流刀闸。

⑦XCBR:描述用于保护光伏发电阵列的断路器。

⑧ZINV:逆变器。

⑨MMDC:中间直流电的测量。

⑩MMXU:电气测量。

⑪ZBAT:能量储存蓄电池。

⑫ZBTC:能量储存蓄电池充电器。

⑬XFUS:光伏发电系统中的熔断器。

⑭FSEQ:在启动或终止自动顺序操作中使用的顺控器的状态。

⑮STMP:温度特性。

⑯MMET:气象测量。

### 9.2.3　IEC 61400-25 信息模型

IEC 61400-25 系列标准由 IEC TC88 风机工作组起草制订,标准通过建立风电场信息模型、定义信息交换和通信协议映射的机制为风电场的监控领域提供一个统一的通信标准。

IEC 61400-25 可以应用于任何风电场的运行,包括单个风电机组、成串风电机组和规模集成风电机组。应用领域是风电场运行所需组件,不仅包括风电机组,还包括气象系统、电气系统和风电场管理系统。标准中风电场的特有信息不包括变电站相关信息,变电站通信采用 IEC 61850 系列标准。

在 IEC 61400-25 中定义了风电机组的信息模型,风电机组特有逻辑节点见表9.5。

表9.5　风电机组特有逻辑节点

| 逻辑节点类 | 描　述 |
|---|---|
| WTUR | 风电机组整体信息 |
| WROT | 风电机组转子信息 |
| WTRM | 风电机组传动系统信息 |
| WGEN | 风电机组发电机信息 |
| WCNV | 风电机组变流器信息 |
| WTRF | 风电机组变压器信息 |
| WNAC | 风电机组机舱信息 |
| WYAW | 风电机组偏航信息 |
| WTOW | 风电机组塔架信息 |
| WALM | 风电机组告警信息 |
| WSLG | 风电机组状态日志信息 |
| WALG | 风电机组模拟量日志信息 |
| WREP | 风电机组报告信息 |

其中风电机组发电机 WGEN 信息见表9.6。

表9.6　风电机组发电机 WGEN 信息

| WGEN 类 | | | |
|---|---|---|---|
| 属性名 | 属性类型 | 说　明 | M/O |
| 数据 | | | |
| 公用信息 | | | |
| OpTmRs | TMS | 发电机运行时间 | O |
| 状态信息 | | | |
| GnOpMod | STV | 发电机运行模式 | O |
| ClSt | STV | 发电机冷却系统状态 | O |
| 模拟量信息 | | | |
| Spd | MV | 发电机转速 | O |
| W | MYE | 发电机有功功率 | O |
| VAr | MYE | 发电机无功功率 | O |
| GnTmpSta | MV | 发电机定子温度测量值 | O |
| GnTmpRtr | MV | 发电机转子温度测量值 | O |
| GnTmpInlet | MV | 发电机进水/气温度测量值 | O |
| StaPPV | DEL | 发电机定子三相线电压 | O |

续表

| 模拟量信息 | | | |
|---|---|---|---|
| StaPhV | WYE | 发电机定子三相相电压 | O |
| StaA | WYE | 发电机定子三相电流 | O |
| RtrPPV | DEL | 发电机转子三相线电压 | O |
| RtrPhV | WYE | 发电机转子三相线电压 | O |
| RtrA | WYE | 发电机定子三相电流 | O |
| RtrExtDC | MV | 发电机转子直流励磁 | O |
| RtrExtAC | MV | 发电机转子交流励磁 | O |

WGEN 的数据类是针对于变速双馈异步电机的运行或直流励磁同步电机而言。当采用不同的拓扑结构(如恒速、双速、多极、永磁电机、多相发电机)时,用户可以自由定义额外的数据名来分配相关的发电机信息。

在 IEC 61400-25 中新增了 6 个公共数据类,具体如下:

①CDC 描述。

②ALM 报警。

③CMD 命令。

④CTE 事件计数。

⑤SPV 设置点值。

⑥STV 状态值。

一个应用逻辑节点实例的实际风电机组如图 9.6 所示。

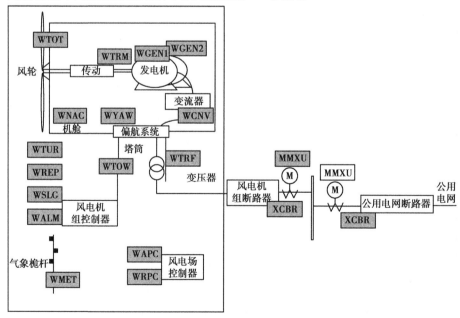

图 9.6　逻辑节点实例应用

方框表示的是风电机组本身的逻辑节点,方框外描述了机组与电网连接的逻辑节点。描述的逻辑节点实例来自风电机组"WTUR"、偏航系统"WYAW"和变流器"WCNV"等信息,"WGEN1"和"WGEN2"表示不同的发电机。同时说明了连接的电力系统,包括测量单元"MMXU"和断路器"XCBR"等,MMXU 和 XCBR 等与电力系统有关的其他逻辑节点在 IEC 61850 中的具体定义。

# 9.3 能量管理系统信息建模

IEC 61970 系列标准定义了 EMS 的 API,目的是便于集成来自不同厂家的 EMS 内部的各种应用,便于将 EMS 与调度中心内部其他系统互联,以及便于实现不同调度中心 EMS 之间的模型交换。

在微电网的能量管理系统中,IEC 61970 系列标准应用基本能够满足微电网对能量管理各类信息模型的需求。IEC 61970 系列标准主要由接口参考模型、公共信息模型(Common Information Model,CIM)和 CIS 组件接口规范三部分组成。接口参考模型说明了系统集成的方式,公共信息模型定义了信息交换的语义,组件接口规范明确了信息交换的语法。

## 9.3.1 CIM 建模规范

### (1) CIM 建模表示法
CIM 采用面向对象的建模技术定义,CIM 规范使用统一建模语言(UML)表达方法,它将 CIM 定义成一组包。

CIM 中的每一个包包含一个或多个类图,用图形方式展示该包中的所有类及它们的关系。然后根据类的属性及与其他类的关系,用文字形式定义各个类。

### (2) CIM 包
CIM 划分为一个组包,包是一种将相关模型元件分组的通用方法,包的选择是为了使模型更易于设计、理解和查看,公共信息模型由完整的一个组包组成。实体可以具有越过许多包边界的关联,每一个应用将使用多个包中所表示的信息。

整个 CIM 划分为以下几个包:

1) IEC 61970-301

①核心包(Core)。

②域包(Domain)。

③发电包(Generation)。

④发电动态包(Generation Dynamics)。

⑤负荷模型包(Load Model)。

⑥量测包(Meas)。

⑦停运包(Outage)。

⑧生产包(Production)。

⑨保护包(Protection)。

⑩拓扑包(Topology)。

⑪电线包(Wires)。

2)IEC 61970-302

①能量计划包(Energy Scheduling)。

②财务包(Financial)。

③预定包(Reservation)。

3)IEC 61970-303

SCADA 包。

核心包(Core)包含所有应用共享的核心命名(Naming)、电力系统资源(Power System Resource)、设备容器(Equipment Container)和导电设备(Conducting Equipment)实体,以及这些实体的常见的组合。拓扑包(Topology)是 Core 包的扩展,它与 Terminal 类一起建立连接性(Connectivity)的模型,电线包(Wires)是 Core 和 Topology 包的扩展,它建立了输电(Transmission)和配电(Distribution)网络的电气特性的信息模型。这个包用于网络应用,如状态估计(State Estimation)、潮流(Load Flow)及最优潮流(Optimal Power Flow)。停运包(Outage)是 Core 和 Wires 包的扩展,它建立了当前及计划网络结构的信息模型。保护包(Protection)是 Core 和 Wires 包的扩展,它建立了保护设备,如继电器的信息模型。量测包(Meas)包含描述各应用之间交换的动态测量数据的实体。负荷模型包(Load Model)以曲线及相关的曲线数据形式为能量用户及系统负荷提供模型。发电包(Generation)分成两个子包,分别为电力生产包(Production)和发电动态包(Generation Dynamics)。电力生产包(Production)提供各种类型发电机的模型,它还建立了生产成本信息模型,用于发电机间进行经济需求分配及计算备用量大小。发电动态包(Generation Dynamics)提供原动机。域包(Domain)是量与单位的数据字典,定义了可能被其他任何包中的任何类使用的属性的数据类型。

### 9.3.2 CIM 类与关系

每一个 CIM 包的类图展示了该包中所有的类及它们的关系,在与其他包中的类存在关系时,这些类也展示出来,而且标以表明其所属包的符号。类具有描述对象特性的属性,CIM 中的每一个类包含描述和识别该类的具体实例的属性,每一个属性都具有一个类型。

#### (1)普遍化

普遍化是一个较普遍的类与一个较具体的类之间的一种关系,较具体的类只能包含附加的信息。例如,一台电力变压器(Power Transformer)是电力系统资源(Power System Resource)的一种具体类型,普遍化使具体的类可以从它上层所有更普遍的类继承属性和关系。

普遍化的一个例子如图 9.7 所示,此例取自 Wires 包,Breaker 是 Switch 更为具体的类型,Switch 是 Conducting Equipment 更为具体的类型,而 Conducting Equipment 本身是 Power System Resource 更为具体的类型,Power Transformer 是 Power System Resource 的另一个具体类型。

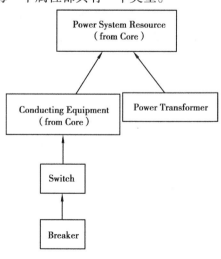

图 9.7　普遍化的例子

**（2）简单关联**

关联是类之间的一种概念上的联系,每一种关联都有两个作用,每一个作用表示了关联中的一种方向,表示目标类作用和源类有关系。每个作用还有重数/基数(Multiplicity/cardinality),用来表示有多少对象可以参加到给定的关系中。在 CIM 中,关联是没有命名的。在 CIM 中,Tap Changer 和 Regulation Schedule 之间有关联,如图9.8所示,来自 Wires 包。

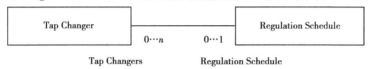

图9.8　简单关联的例子

重数( Multiplicity)在关联的两端都有显示,这个例子中,1 个 Tap Changer 对象可以有 0 个或 1 个 Regulation Schedule,而 1 个 Regulation Schedule 可以属于 0、1 或多个 Tap Changer 对象。

**（3）聚集**

聚集是关联的一种特殊情况。聚集表明类与类之间的关系是一种整体——部分关系,这里,整体类由部分类"构成"或"包含"部分类,而部分类是整体类的"一部分",部分类不像普遍化中那样从整体类继承。

聚集的例子如图9.9所示,说明了 Topological Island 类与 Topological Node 类之间的聚集关系,它取自 Topology 包。1 个 Topological Node 只能是 1 个 Topological Island 的一个成员,但是 1 个 Topological Island 却能包括任意数目个(至少有 1 个)Topological Node。

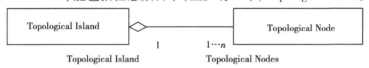

图9.9　聚集的例子

### 9.3.3　CIM 信息建模

CIM 描述了能量管理系统信息的全面的逻辑视图,包括了公用的类和属性以及它们之间的关系。

CIM 分成子包,Domain 包定义了其他包所使用的数据类型。Generation 包再细分为 Production 包和 Generation Dynamics 包。包里的类是按字母顺序列出的。类的固有属性先列出,然后列出继承的属性。对每一个类,先列出其固有关联,然后列出继承的关联。根据参与关联的各个类的作用对关联进行描述,仅对包含聚集的作用列出聚集。

CIM 的顶层包如图9.10所示,其展示顶层的各个包和它们之间的依赖关系。

每一个包中每一类的模型信息均给以全面的描述,固有的和继承的属性包括 ParentClass. Name(父类名)、Type(类型)、Documentation(说明)。

Domain 包里的类包含一个为上述属性类型准备的可选的度量单位。

关联是按参与关联的类的作用列出的,固有的和继承的作用信息包括 Multiplicity From (重数来自)、RoleTo. Name(作用到)、MultiplicityTo(重数到)、Role. ToClass. Name(作用到的类名)、Association Documentation(关联描述)。Multiplicity From 指重数(Multiplicity)来自所描

167

述的类。O 值表示这是一个可选的关联。n 表示允许数目不定的关联。RoleTo. Name 是目标类对关联的另一侧作用。MultiplicityTo 和 Role. ToClass. Name 指关联另一侧类的重数(Multi-plicity)和类名。

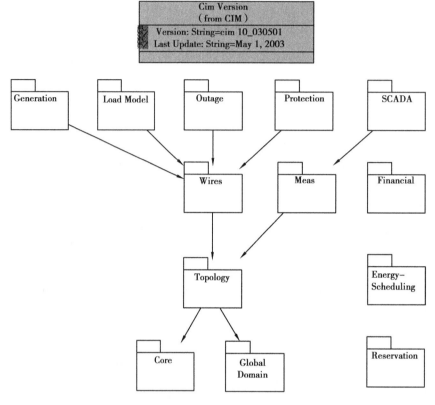

图 9.10　CIM 的顶层包

发电包包含了水电和火电机组的经济组合(Unit Commitment)和经济调度(Economic Dis-patch)、负荷预测、自动发电控制以及用于动态培训仿真器的机组模型等使用的信息。生产包负责描述各种类型发电机的类。这些类还提供生产费用信息,可以应用于在可调机组间经济地分配负荷以及计算备用容量。

发电机组是将机械能转换为交流电能的单台或一组同步的电机,可以单独定义一组电机中的各台机器,同时给整个机组引出一个单一的控制信号。在此情况下,该机组内每台发电机都有一个 Generating Unit,同时还另有一个 Generating Unit 是对应于该组发电机的。

## 9.4　微电网通信组网

微电网通信网主要由传输、交换、终端三大部分组成,其中传输与交换部分组成通信网络,传输部分是网络的线,交换设备是网络的节点。目前常见的交换方式有电路交换、分组交换、ATM 异步传送模式和帧中继。传输系统以光纤、数字微波传输为主,卫星、电力线载波、电缆、移动通信等多种通信方式并存。

双向通信架构是微电网的基础支撑,微电网的运行控制、能量优化、需求侧响应以及配网的经济调度等高级应用都需要依赖双向通信技术。微电网信息与通信为供电系统的安全运行和合理调度提供基础,通过设置在分布式电源、负载以及变压器等的监测设备读取配网中的各用户、各配变地区及变电站各出口的实时数据,将其传输至控制处理中心进行统计和分析,并发出相应的控制与调度指令,监控微电网运行情况。以电力电子器件为接口的分布式发电单元与常规同步电机的特性有很大差别,在微电网的运行控制与能量管理过程中对通信技术的可靠性和速度提出了更高的要求。对微电网的信息及通信技术主要有以下需求:

①开放。开放性网络架构提供可实现"即插即用"的平台,安全地连接各类网络装置,允许彼此之间互通和协作。

②标准。通信架构的主要组成部分以及彼此间的交互方式必须明确规范。

③充裕。通信架构必须有足够的带宽以支持当前和未来的微电网功能。

④强健。由于微电网控制与管理通常高度自动化,不带人工反馈,因此微电网的通信架构具备极高的可管理性和可靠性。

⑤集成。集成各类实时数据,可提供可靠及时的微电网运行和用电需求信息。

### 9.4.1　微电网通信需求

微电网监控系统对通信的实时性和可靠性均要求很高,需要快速对现场数据信息采集并实现上行数据和下达指令的交互,数据传输的实时性一般在毫秒级或秒级。微电网能量管理系统需通过监控系统对整个微电网进行能量优化控制,其控制实时性要求不高,策略的生成通常在分钟级以上,同时微电网能量管理系统支持对外信息的展示和远程交换,微电网能量管理系统对通信的安全性要求相对较高。微电网能量管理系统所需的数据主要通过微电网监控系统获得。

微电网监控系统通信的数据主要包括:

①设备实时运行数据:包括一次设备运行的电气量数据,含有功、无功、频率、功率因数、三相电流、零序电流、三相电压、线电压等,以及一次设备的运行状态数据,如开关分/合状态、设备启/停状态等。

②设备状态诊断数据:指示设备本身的健康状态数据,监控系统需要以此来掌握设备的健康状态。

③环境及辅助系统数据:包括影响发电的环境数据,如环境温度、湿度、光辐照度、风速等,以及辅助系统包括消防、安全、视频监控等数据。

④曲线数据:主要指与时间相关联的数据,包括保护故障波形数据、计划曲线数据等。

⑤积分数据:累积电能量、累积光伏照度等需要二次计算积分的数据等。

⑥控制指令:监控系统给设备下达的各种控制指令,包括设备启/停、开关分/合操作命令,发电设备的功率限值设定命令等。

⑦维护数据:对设备的运行参数设置数据。

⑧对时命令:设定设备时钟的命令。

⑨其他:需高频采样的电能质量数据,如谐波数据等。

微电网对以上数据有不同的实时性要求。其中①、②、③数据是需要实时刷新的数据,通常刷新周期在 1~10 s,其中的开关量数据需要附上时标,时标精度不小于 2 ms;④、⑤每个数据生成周期主要有 5 min/15 min/1 h/1 d,保护故障波形数据则是记录电力故障前后几个周波的数据;⑥、⑦数据需要人参与;对时命令定时发送周期通常在 5～30 min;高频采样的数据对通信的带宽和设备性能要求极高,采样周期达到微秒级,原始采样数据一般会存于相对独立的数据采集系统,通常只是将分析结果上送到监控系统中。

微电网的通信网络与微电网控制方式紧密相关,目前微电网控制方式主要有对等控制方式和主从控制方式。

在对等控制方式下,保持微电网稳定运行主要由多个分布式电源根据各自接入点的就地信息进行实时控制,分布式电源之间不通信即可稳定运行,一般不基于整个微电网进行能量管理。对等控制方式多用于负荷对电压及频率不敏感、结构简单的微电网,这种微电网通信需求相对较弱。对等控制的微电网多采用两层控制结构,中间仅使用一层通信网络,上层为监控层,下层为就地控制层。监控系统通过就地控制层实现对各种发电设备、用户负荷、变压器、开关等设备的控制,包括收集微电网各设备的运行信息,对用户负荷进行监控,对发电设备进行监视和启停操作,对相关设备的能量优化管理功能很弱。这种两层控制模式对计算机系统及通信依赖较大,时效性有待论证。

目前采用对等控制的微电网可控性、稳定性等方面均不如采用主从控制方式的微电网,实际采用对等控制方式的微电网较少,更多的是采用主从控制方式。有的微电网采用一组对等控制的发电设备作为主电源,其他分布式发电设备作为从电源,这种微电网可以视为主从控制方式的微电网。

主从控制方式的微电网多采用三层控制结构,三层控制结构包括就地控制层、监控层和能量管理层,而通信网络作为这三层之间信息交互的媒介,相应地分为两个部分,包括监控层通信网络和能量管理层通信网络。

监控层通信网络又称数据采集网,它需要支持微电网内电能表、就地控制器、继电保护装置、其他数据采集器与监控系统之间的信息交互,其中就地控制器包括光伏发电控制器、风机控制器、储能电池双向控制器及相关测控终端、在线监测装置等具体装置。

能量管理层通信网络又称数据管理网,它需要支持监控层与微电网能量管理层之间、微电网能量管理层内部及其与配网 DMS 之间的信息交互。微电网能量管理层接收监控层上送的各种运行数据,进行数据的处理和存储,以及图形化展示功能,同时向监控层下发相关调度控制命令,或下发功率交换计划曲线,或下发运行控制策略,通过微电网监控层对就地控制层关联的设备运行进行协调和管理。

三层控制模式比较灵活,这种方式主要根据微电网控制对实时性要求不同,从暂态、稳态、长期三种时间要求将控制分成三层,可以较好地兼顾微电网监控的运行可靠性和易用性问题。微电网的实时运行控制主要在监控层和设备就地控制层完成,更多的是关注整个微电网的功率平衡和电压稳定以及发电、用电等设备的健康状况,微电网监控系统对设备监控的响应延迟和稳定性要求高,投运后若如无新设备接入,监控系统软件本身一般不需要维护。微电网的能量管理系统主要需求是相对较长时间变化的数据,其对发电和用电设备的管理,更多的是关注电量平衡,作为辅助人员决策的能量管理系统要不断根据能源价格波动以及用户用电变化情况随时进行能量管理策略的优化调整,同时出于对能量管理系统的信息安全和地理位置考虑,将其放到一个相对独立的通信层次,可以便于相关人员使用和维护管理。

### 9.4.2　微电网通信结构

微电网的控制方式不是微电网通信结构模式选择的依据,结构模式主要取决于微电网能量管理功能是否相对独立存在。虽然对等控制方式微电网的电源不需要能量管理,但针对用户负荷还可以进行能量优化管理,只是由于目前分布式电源下垂控制技术在保持微电网运行稳定性方面有待改进,通常微电网规模较小,用户负荷对电能质量不敏感,因此对等控制方式微电网基本没有能量管理层存在,若对等控制方式的微电网要实现针对用户负荷的能量优化管理,其运行控制将采用三层控制模式。

主从控制方式微电网也可能采用两层控制模式,这种微电网不存在能量管理层,其能量管理功能是通过主电源控制器对从电源控制器进行管理实现,并且对用户负荷也没有能量优化管理,这种微电网就可以采用两层控制模式。而在一些结构简单的微电网项目中,能量管理需求较弱,用户为节省投资,往往将能量管理功能与监控功能一起集成在同一套计算机控制系统中实现,能量管理功能作为相对独立的软件模块通过程序接口来实现与监控系统的信息交互,这种微电网虽然不存在物理上的能量管理层通信网络,从逻辑上来说,它仍然是三层控制模式,只是能量管理层通信网络被监控系统的接口服务所代替。

典型的微电网两层控制结构如图9.11所示,它分为就地控制层和监控层。

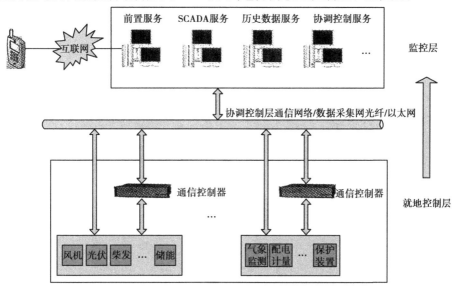

图9.11　微电网两层控制结构

微电网就地控制层包括设备通信终端和通信控制器。设备通信终端的通信方式及通信协议可能会多样化,其中支持标准通信协议且支持光纤/以太网通信方式的设备通信终端可直接接入到数据采集网中,其他设备通信终端需先接入通信控制器,通过通信控制器再接入数据采集网。通信控制器数据接入端支持电力载波、无线、RS232、RS485、光纤/以太网等多种通信接入方式,支持 Modbus、IEC 60870 – 5 – 101/104、IEC 61850、DL/T 645 等多种标准通信规约,并且能够支持不同厂家开发的自定义规约,具备很强的通用性。就地控制层的通信控制器不是必备的,在实际工程应用中,可根据微电网设备的种类和数量来决定通信控制器的配置情况。监控层通信网络的数据通信要求规约统一,通信控制器存在的作用在于将所接入的设备通信

171

终端信息进行汇总,形成统一的信息模型与监控系统通信,通信控制器转发给监控系统的数据模型可以基于 IEC 61850 系列标准统一建模。

监控层具有前置服务、SCADA 服务、历史数据服务、协调控制服务等功能模块。前置服务负责从数据采集网获取微电网的整体运行数据;SCADA 服务负责数据处理、画面展示、告警、报表等功能;历史数据服务负责对历史采样数据进行管理;协调控制服务负责对分布式电源、储能装置、负载等设备进行控制,以维持微电网内的功率平衡,保证微电网的稳定运行。配置无线通信模块,运维人员可远程进行访问。在实际工程应用中,根据微电网功能和信息量的需要,监控层可配置一台或多台工作站,其功能模块可根据工程需要进行扩展。

微电网三层控制结构如图 9.12 所示,它分为就地控制层、监控层和能量管理层。

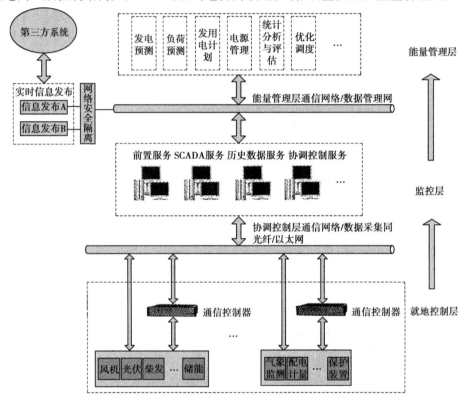

图 9.12　微电网三层控制结构

就地控制层和监控层负责微电网设备的数据采集及协调控制,能量管理层数据模型可以基于 IEC 61970 系列标准进行建模,与监控层进行信息交互,能量管理层具有发电预测、负荷预测、发用电计划、电源管理、统计分析与评估、优化调度等功能模块,可实现对微电网内发电单元和负荷单元的功率预测,实现发用电计划及分布式发电功率平滑控制,主电源快速切换控制,快速能量平衡控制,微电网运行数据的统计分析与评估,微电网经济优化运行等功能。按照《电力二次系统安全防护规定》(电监会 5 号令),在物理层面上微电网的运行控制系统与外部公共信息网要安全隔离,能量管理系统与第三方系统进行信息发布和信息交互时,需要加设基于物理隔离的网络安全隔离装置。在实际工程应用中,能量管理层可单独配置应用服务器运行,也可集成到监控系统中运行,具体功能模块可根据工程需要进行扩展。

### 9.4.3　微电网常用通信技术

通信系统是实现微电网监控系统的基础。微电网监控系统需要借助有效的通信手段,将监控系统的控制命令准确地传送到远方设备,并将反映远方设备运行情况的数据信息收集到监控系统。微电网监控系统需要先进、可靠的通信网络支撑。由于微电网与输电网不同,具有其自身的特点,因此所采用的通信系统与输电网有所不同。输电网中通道距离长,对通信的速率和可靠性要求较高。无论是微波还是电力线路载波通信,都是使用专用通道点对点或共线通信,很少使用广播通信方式。在微电网中,终端节点种类多,而通信距离相对较短,速率要求相对较低。沿空间广播的无线通信方式和沿线路广播的线路载波通信方式得到了广泛的应用。但是,微电网监控系统的功能众多,从分布式发电控制、馈线开合到负荷控制、自动读表等,对通信的要求不尽相同。微电网对通信系统的要求,取决于规划实现的自动化程度及复杂程度。

**(1)有线通信技术**

①配电线载波通信。利用电力线实现可靠的通信一直是电力工业界致力研究的课题之一。这种通过把载波频率附加在现有的电力线上构成的电力线载波通信(Power Line Carrier,PLC),可以使信号在电力公司拥有和维护的现有传输线上传输,避免维护另一个单独的通信介质。经过几十年的努力,输电线上的电力线载波通信已由过去专门提供话音业务发展到传输继电保护、远动、计算机控制信息等综合业务,达到了实用化和商业化阶段。

电力线载波通信将信息调制在高频载波信号上通过已建成的电力线路进行传输。在配电线上与在输电线上实现通信的基本原理相同。对输电线载波通信,载波频率一般为 10 ~ 300 kHz;对高、中压配电线载波通信(Distribution Line Carrier,DLC),载波频率一般为 5 ~ 140 kHz;对低压配电线载波通信(又称入户线载波),载波频率一般为 50 ~ 150kHz。这种频率上的不同是由于配电网络中有大量的变压器、开关旁路电容等元件,采用较低的载波频率可使高频衰耗减小。传输信息的调制可采用幅度调制(Amplitude Modulation,AM)、单边带(Single Side Band,SSB)调制、频率调制(Frequency Modulation,FM)或移频键控(Frequency – shift Keying,FSK)等方式。

电力线载波通信具有价格低廉、不需布线的优点,但通信基于电力线,线路上干扰较多,可靠性相对较差,长距离通信速率无法提高,目前多用在对电能量表的数据采集上。

②光纤通信。与其他通信方式相比,光纤通信主要有以下优点:频带宽,通信容量大;损耗低,中继距离长;可靠性高,抗电磁干扰能力强;通信网络具有自愈功能;无串音干扰,保密性好;线径细、质量轻、柔软;节约有色金属,原材料资源丰富。光纤通信的不足:强度不如金属线;连接比较困难;分路耦合不方便;弯曲半径不宜太小等。光纤通信系统的投资费用较高,是其没有在微电网中得到广泛应用的主要原因。

目前,电力通信系统中的电力载波和微波通信很容易受到电力系统运行方式(如电力系统故障或检修等)、大气环境和城市建筑的影响,而光纤通信系统对电磁干扰不敏感故障时仍能保持通信,可靠性高。经过复用和复接的主干线光纤通信系统的单位通道架设费用较低。一根光纤就可以完成通常需要几百芯的电缆才能在主干线上传输的 1 000 Mbit/s 容量。对配电网上的分支通道,通信速率通常低于 1 000 bit/s,而且不便于复用和复接,使光纤通信失去了其经济优势,发挥不了极高通信率的优势。

在微电网中,分布式电源设备与计算机监控系统距离较远,为获得快速、可靠的通信,常采用光纤通信作为主通信网络。

③双绞线/同轴电缆通信。这两种介质多用于以太网的构建。以太网定义了局域中采用的电缆类型和信号出力方法,在互联设备之间以 10 ~ 1 000 Mbit/s 的速率传送信息包。目前在工业现场总线大多串行通信包括 RS485、RS422、CAN 等总线技术采用双绞线进行通信。

**(2)无线通信技术**

无线通信系统是一种覆盖面广的通信方式,不需要传输线,可以构成双向通信,且所有的无线通信系统都能够和停电区域通信。传统的无线通信主要包括 AM 广播、FM 广播、甚高频(Very High Frequency, VHF)无线电、特高频(Ultra High Frequency, UHF)无线电、多地址无线电(ZigBee、3G/4G、WLAN、蓝牙)、微波和卫星通信。无线通信的信号具有开放性的特点,多用于就地设备的数据采集和监视,一般不用于设备控制。在微电网中,涉及设备控制的信息主要用有线通信技术来实现传输,微电网适用的无线通信主要有:

①AM 广播。调幅广播是对信号进行相位调制后以幅度调制的形式调制到载波上,通过发射系统发送出去,是一种单向的广播方式。用于微电网的调幅广播采用不干扰现有天线 AM 广播电台的频率范围工作,可以用于对微电网范围内的大量用户负荷或分布式电源进行统一并行控制。与 VHF 通信相比,AM 广播的波长更长,传输的距离较长,且不受视距和障碍物的影响,一般没有多路径效应。AM 广播适用于地形复杂区域微电网的需要。

②FM 广播。调频辅助通信业务(Frequency Modulation/Subsidiary Communication Authorization, FM/SCA)是通过对一个负载波进行频率调制,而将信号在调频波段分开传输的通信方式。只有经过特殊制作的接收机才能检测到并解调出这个信号来,普通的调频收音机则无法接收。FM/SCA 也是一种单向通信方式,常用于微电网的负荷控制。FM/SCA 工作频率较高,容易受到多路径效应和障碍物的影响,还受到视距的限制。

③VHF 通信。频率在 30 ~ 300 MHz 的无线电波段被称为 VHF。建设甚高频通信系统需要得到无线电管理委员会的许可。在 VHF 频段,可采用 200 MHz 数传电台来实现微电网的通信,224 ~ 228 MHz/228 ~ 231 MHz 已开辟为无线负荷控制的专用通道。甚高频通信能保持和停电区域通信,但其信号容易受到多路径效应和障碍物的影响。同时,电视信号及对讲机等对其有一定干扰。在国外甚高频大量应用于微电网中各分测控点与区域工作站之间的通信,甚至还用作主干通道。

④UHF 通信。UHF 是指频率在 300 ~ 1 000 MHz 的无线电波段。微电网中目前常用的是 800 MHz 的频段。800 MHz 比 VHF 频段具有较强的绕射能力,接收终端天线尺寸小,数传电台体积小、质量轻,可直接安装于线杆上。与较低频率的通信方式相比,特高频信号的覆盖范围更小,最大传输距离为 50 km(视距),同时更容易受到多路径效应的影响。但是 UHF 通信比较可靠,不易受到其他通信服务业务的干扰,而且通信速率可高达 9 600 bit/s。通信受到视距的影响,用于多山的环境时,需采用中继器。与无线扩频通信系统相比,800 MHz 数传电台系统造价较低。

⑤ZigBee。ZigBee 是一种无线网络协定,由 ZigBee Alliance 制订。ZigBee 技术理论最高数据传输速率为 250 Kbit/s,覆盖范围 10 ~ 100 m,具有功耗低、数据传输可靠、网络容量大、实现

成本低等特点。ZigBee 通信网络应用领域主要包括空调系统的温度控制、照明的自动控制、窗帘的自动控制、煤气计量控制、烟雾探测器。

⑥公用 3G/4G/5G 网络。在一些通信基础设施缺乏地区,适合用 SIM 卡基于手机网络对分布式装置进行数据采集和远程控制。

3G/4G/5G 网络是指使用支持高速数据传输的蜂窝移动通信技术的第三代/第四代/第五代移动通信技术的线路和设备铺设而成的通信网络。它能够提供多种类型高质量多媒体业务,能实现全球无缝覆盖,具有全球漫游能力,与固定网络相兼容,并以小型便携式终端在任何时候任何地点进行任何种类的通信。

3G 通信系统数据传输速率可达到 2 Mbit/s,适用范围不超过 2 km,目前有 3 种标准,分别是欧洲的 WCDMA 制式、美国的 CDMA2000 制式和中国自主研发的 TD-SCDMA 制式。4G 通信系统传输速率可达到 20 Mbit/s,最高可以达到 100 Mbit/s,目前有两种标准,即 TD-LTE 和 FDD-LTE 两种制式。以上这些制式在中国均有应用。5G 通信系统传输速率为 10 ~ 20 Gbit/s,目前尚在探索实施阶段,未广泛应用。

3G/4G/5G 网络需要采用电信商的商业移动网络,通信流量成本较高,受网络信号影响,可靠性一般,可用在通信流量不大的应用场合。

⑦WLAN。无线局域网络(Wireless Local Area Networks,WLAN)是一种利用射频(Radio Frequency,RF)技术进行数据传输的系统,该技术的出现不是用来取代有线局域网络的,而是用来弥补有线局域网络的不足,以达到网络延伸的目的,使得无线局域网络能利用简单的存取架构让用户透过它,实现无网线、无距离限制的通畅网络。

WLAN 通信系统作为有线 LAN 以外的另一种选择,一般用在同一座建筑内。WLAN 使用 ISM (Industrial Scientific Medical)无线电广播频段通信。WLAN 的 802.11a 标准使用 5 GHz 频段,支持的最大速度为 54 Mbit/s,而 802.11b 和 802.11g 标准使用 2.4 GHz 频段,分别支持最大 11 Mbit/s 和 54 Mbit/s 的速度,覆盖范围一般不超过 100 m。工作于 2.4 GHz 频带是不需要执照的,该频段属于工业、教育、医疗等专用频段,是公开的,工作于 5.15 ~ 8.825 GHz 频带需要执照。

目前 WLAN 所包含的协议标准有 IEEE 802.11b 协议、IEEE 802.11a 协议、IEEE 802.11g 协议、IEEE 802.11E 协议、IEEE 802.11i 协议、无线应用协议(Wireless Application Protocol,WAP)。

⑧"蓝牙"技术。"蓝牙(Bluetooth)"原是一位在 10 世纪统一丹麦的国王,他将当时的瑞典、芬兰与丹麦统一起来,用他的名字来命名这种新的技术标准,含有将四分五裂的局面统一起来的意思。蓝牙(Bluetooth ® )是一种无线技术标准,蓝牙技术使用高速跳频(Frequency Hopping,FH)和时分多址(Time Divesion Multiple Address,TDMA)等先进技术,可实现固定设备、移动设备和楼宇个人域网之间的短距离数据交换(使用 2.4 ~ 2.485 GHz 的 ISM 波段的 UHF 无线电波),最大速率可达 24 Mbit/s,覆盖范围取决于设备功率,大多数应用不超过 10 m。蓝牙是基于数据包、有着主从架构的协议,一个主设备至多可与同一微网中的 7 个从设备通信,所有设备共享主设备的时钟。

## 9.5　微电网的监控

### 9.5.1　微电网监控系统架构

微电网监控系统与本地保护控制、远程配电调度相互协调,主要功能如下:

①实时监控类:包括微电网 SCADA、分布式发电实时监控。

②业务管理类:包括微电网潮流(联络线潮流、DG 节点潮流、负荷潮流等)、DG 发电预测、DG 发电控制及功率平衡控制等。

③智能分析决策类:微电网能源优化调度等。

微电网监控系统通过采集 DG 电源点、线路、配电网、负荷等实时信息,形成整个微电网潮流的实时监视,并根据微电网运行约束和能量平衡约束,实时调度调整微电网的运行。在微电网监控系统中,能量管理是集成 DG、负荷、储能装置以及与配电网接口的中心环节。如图 9.13 所示为微电网监控系统能量管理的软件功能架构图。

图 9.13　微电网监控系统能量管理的软件功能架构图

### 9.5.2　微电网监控系统组成

微电网实时监控系统中的 DG、储能装置、负荷及控制装置。微电网综合监控系统由光伏发电监控、风力发电监控、微型燃气轮机发电监控、其他发电监控、储能监控和负荷监控组成。

**(1)光伏发电监控**

光伏发电监控是指对光伏发电的实时运行信息和报警信息进行全面的监视,并对光伏发电进行多方面的统计和分析,实现对光伏发电的全方面掌控。

光伏发电监控主要提供以下功能:

①实时显示光伏的当前发电总功率、日总发电量、累计总发电量、累计 $CO_2$ 总减排量以及

每日发电功率曲线图。

②查看各光伏逆变器的运行参数,主要包括直流电压、直流电流、直流功率、交流电压、交流电流、频率、当前发电功率、功率因数、日发电量、累计发电量、累计 $CO_2$ 减排量、逆变器机内温度以及 24 h 内的功率输出曲线图等。

③监视逆变器的运行状态,采用声光报警方式提示设备出现故障,查看故障原因及故障时间。故障信息包括电网电压过高、电网电压过低、电网频率过高、电网频率过低、直流电压过高、直流电压过低、逆变器过载、逆变器过热、逆变器短路、散热器过热、逆变器孤岛、通信失败等。

④预测光伏发电的短期和超短期发电功率,为微电网能量优化调度提供依据。

⑤调节光伏发电功率,控制光伏逆变器的启停。

**(2)风力发电监控**

风力发电监控是指对风力发电的实时运行信息、报警信息进行全面的监视,并对风力发电进行多方面的统计和分析,实现对风力发电的全方面掌控。

风力发电监控主要提供以下功能:

①实时显示风力发电的当前发电总功率、日总发电量、累计总发电量,以及 24 h 内发电功率曲线图。

②采集风机运行状态数据,主要包括三相电压、三相电流、电网频率、功率因数、输出功率、发电机转速、风轮转速、发电机绕组温度、齿轮箱油温、环境温度、控制板温度、机械制动闸片磨损及温度、电缆扭绞、机舱振动、风速仪和风向标等。

③预测风力发电的短期和超短期发电功率,为微电网能量优化调度提供依据。

④调节风力发电功率,控制逆变器的启停。

**(3)微型燃气轮机发电监控**

微型燃气轮机发电监控是指对微型燃气轮机发电的实时运行信息和报警信息进行全面监控,并对微型燃气轮机发电进行多方面的统计分析,实现对微型燃气轮机的全面监控。

微型燃气轮机发电监控主要提供以下功能:

①监测微型燃气轮机发电机组的工作参数,主要包括转速、燃气进气量、燃气压力、排气压力、排气温度、爆震量、含氧量。

②监测并网前后电压、电流、频率、相位和功率因数。

③实现对微型燃气轮机发电机组工作状态分析、管理和工作状态的调节。

**(4)其他发电监控**

其他发电监控与上述发电监控类似,需要监控的内容均为当前 DG 输出电压、工作电流、输入功率、并网电流、并网功率、电网电压、当前发电功率、累计发电功率、24 h 内的功率输出曲线、24 h 内的并网功率曲线。其目的是实现系统的安全稳定运行。

**(5)储能监控**

储能监控是指对储能电池和 PCS 的实时运行信息、报警信息进行全面的监视,并对储能进行多方面的统计和分析,实现对储能的全方面掌控。

储能监控主要提供以下功能:

①实时显示储能的当前可放电量、可充电量、最大放电功率、当前放电功率、可放电时间、总充电量、总放电量。

②遥信:交直流双向变流器的运行状态、保护信息、告警信息。其中,保护信息包括低电压保护、过电压保护、缺相保护、低频率保护、过频率保护、过电流保护、器件异常保护、电池组异常工况保护、过温保护。

③遥测:交直流双向变流器的电池电压、电池充放电电流、交流电压、输入/输出功率等。

④遥调:对电池充放电时间、充放电电流、电池保护电压进行遥调,实现远端对交直流双向变流器相关参数的调节。

⑤遥控:对交直流双向变流器进行远端遥控电池充电、电池放电。

**(6) 负荷监控**

负荷监控是指对负荷运行信息和报警信息进行全面监控,并对负荷进行多方面的统计分析,实现对负荷的全面监控。

负荷监控主要功能如下:

①监测负荷电压、电流、有功功率、无功功率、视在功率。

②记录负荷最大功率及出现时间、最大三相电压及出现时间、最大三相功率因数及出现时间,统计监测电压合格率、停电时间等。

③提供负荷超限报警、历史曲线、报表、事件查询等。

**(7) 微电网综合监控**

监视微电网系统运行的综合信息,包括微电网系统频率、公共连接点的电压、配电交换功率,并实时统计微电网总发电输出功率、储能剩余容量、微电网总有功负荷、总无功负荷、敏感负荷总有功、可控负荷总有功、完全可切除负荷总有功,并监视微电网内部各断路器开关状态、各支路有功功率、各支路无功功率、各设备的报警等实时信息,完成整个微电网的实时监控和统计。

### 9.5.3  微电网监控系统设计

微电网监控系统的设计,从微电网的配电网调度层、集中控制层、就地控制层 3 个层面进行综合管理和控制。微电网监控系统是集成本地分布式发电、负荷、储能以及与配电网接口的中心环节,通过固定的功率平衡算法产生控制调节策略,保证微电网并、离网及状态切换时的稳定运行。

微电网就地控制保护、集中微电网监控管理与远方配电调度相互配合,通过控制调节联络线上的潮流实现微电网功率平衡控制,如图 9.14 所示为整个包含微电网的配电网系统协调控制协作图。

微电网监控系统不仅局限于数据的采集,还要实现微电网的控制管理与运行,微电网监控系统设计要考虑的问题有以下几个方面:

①微电网保护。针对微电网中各种保护的合理配置以及在线校核保护定值的合理性,提出参考解决方案。避免微电网在某些运行情况下出现的保护误动而导致不必要的停电。

②DG 接入。微电网有多种类型的分布式发电,由于其输出功率不确定,因此针对这些种类多样、接入点分散的分布式发电,提出方案解决如何合理接入,接入后如何协调,同时保证微电网并、离网状态下稳定运行。

③DG 发电预测。通过气象局的天气预报信息以及历史气象信息和历史发电情况,预测超短期内的风力发电、太阳能光伏发电的发电量,使得微电网成为可预测、可控制的系统。

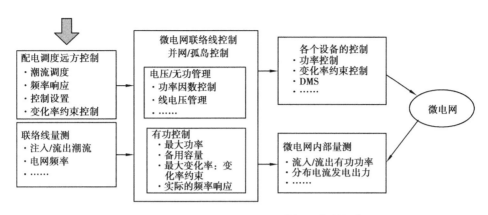

图 9.14　包含微电网的配电网系统协调控制协作图

④微电网电压无功平衡控制。微电网作为一个相对独立的电力可控单元,在与配电网并网运行时,一方面能满足配电网对微电网提出的功率因数或无功吸收要求以减少无功的长距离输送;另一方面需要保证微电网内部的电压质量,微电网需要对电压进行无功平衡控制,从而优化配电网与微电网电能质量。

⑤微电网负荷控制。当微电网处于离网运行或配电网对整个微电网有负荷或输出功率要求,而分布式发电输出功率一定时,需要根据负荷的重要程度分批分次切除、恢复、调节各种类型的负荷,保证微电网重要用户的供电可靠性的同时,保证整个微电网的安全运行。

⑥微电网发电控制。当微电网处于离网运行或配电网对整个微电网有负荷或输出功率要求时,为保证微电网安全经济运行,配合各种分布式发电,合理调节各分布式发电输出功率,尤其可以合理利用蓄电池的充放电切换、微型燃气轮机冷热电协调配合等特性。

⑦微电网多级优化调度。它分多种运行情况(并网供电、离网供电)、多种级别(DG 级、微电网级、调度级)协调负荷控制和发电控制,保证整个微电网系统处于安全、经济的运行状态,同时为配电网的优化调度提供支撑。

⑧微电网与大电网间的配合运行。对公共电网,微电网既可能是一个负荷,也可能是一个电源点。如果微电网和公共电网协调配置,将会大大减少配电网损耗、实现削峰填谷,甚至在公共电网出现严重故障时,微电网的合理输出功率将会加快公共电网的恢复,使微电网与公共电网间配合运行。

# 参考文献

［1］余建华.分布式发电与微电网技术及应用［M］.北京:中国电力出版社,2018.

［2］周邺飞,赫卫国,汪春,等.微电网运行与控制技术［M］.北京:中国水利水电出版社,2017.

［3］李一龙,蔡振兴,张忠山.智能微电网控制技术［M］.北京:北京邮电大学出版社,2017.

［4］张清小,葛庆.智能微电网应用技术［M］.北京:中国铁道出版社,2016.

［5］谭兴国.微电网储能应用技术研究［M］.北京:煤炭工业出版社,2015.

［6］赵波.微电网优化配置关键技术及应用［M］.北京:科学出版社,2015.

［7］苏剑,刘海涛,吴鸣,等.分布式电源与微电网并网技术［M］.北京:中国电力出版社,2015.

［8］尼科斯·哈兹阿伊里乌,尼科斯·哈兹阿伊里乌.微电网:架构与控制［M］.陶顺,陈萌,杨洋,译.北京:机械工业出版社,2015.

［9］S.乔杜里,S.P.乔杜里,P.克罗斯利.微电网和主动配电网［M］.《微电网和主动配电网》翻译工作组,译.北京:机械工业出版社,2014.

［10］李富生,李瑞生,周逢权.微电网技术及工程应用［M］.北京:中国电力出版社,2013.

［11］张建华,黄伟.微电网运行、控制与保护技术［M］.北京:中国电力出版社,2010.

［12］鲁宗相,阂勇,乔颖.微电网分层运行控制技术及应用［M］.北京:电子工业出版社,2017.

［13］鲁宗相,王彩霞,闵勇,等.微电网研究综述［J］.电力系统自动化,2007,31(19):100-107.

［14］王成山,许洪华.微电网技术及应用［M］.北京:科学出版社,2016.

［15］王成山,武震,李鹏.微电网关键技术研究［J］.电工技术学报,2014,29(2):1-11.

［16］王成山.微电网分析与仿真理论［M］.北京:科学出版社,2013.

［17］王成山,李鹏.分布式发电、微网与智能配电网的发展与挑战［J］.电力系统自动化,2010,34(2):10-14.

［18］王成山,王守相.分布式发电供能系统若干问题研究［J］.电力系统自动化,2008,32(20):1-4.

［19］曾鸣,李娜,马明娟,等.考虑不确定因素影响的独立微网综合性能评价模型［J］.电网技术,2013,37(1):1-8.

［20］吴耀文,马溪原,孙元章,等.微网高渗透率接入后的综合经济效益评估与分析［J］.电力系统保护与控制,2012,40(13):49-54.

［21］袁越,曹阳,傅质馨,等.微电网的节能减排效益评估及其运行优化［J］.电网技术,2012, 36(8):12-18.

［22］刘文,杨慧霞,祝斌.微电网关键技术研究综述［J］.电力系统保护与控制,2012,40(14): 152-155.

［23］毛建荣,周逢权,马红伟.微电网组网优化设计［J］.华北电力技术,2012(1):32-35.